U0172039

岁时风物

皇历在中国   449

甲子拾掇   455

甲子首鼠年鼠谈   461

乙丑谈牛   469

神龙见首   479

蛇年话蛇   488

蛇年谈吃蛇   508

午年话马，马到成功   518

吉 羊   532

猴年来了   539

金鸡一唱万家春   558

谈谈故乡的年俗   570

闲话北平年景   577

宰年猪　　　　　　　　　　　　　595

令人怀念的年画　　　　　　　　599

年画琐忆　　　　　　　　　　　605

发春献岁话春联　　　　　　　　612

北平吃饺子几样年菜　　　　　　617

吉祥年菜：人不分南北，菜一样东西　622

献岁几样吉祥菜　　　　　　　　629

一品富贵　　　　　　　　　　　638

新年天地桌上的蜜供　　　　　　641

财神爷琐谈　　　　　　　　　　645

财神庙借元宝恭喜发财　　　　　656

白云观星宿殿祭星　　　　　　　661

北平年俗：白云观顺星　　　　　665

猜灯谜、拜三公　　　　　　　　669

元宵细语　　　　　　　　　　　684

闲话元宵 693

烙春饼、蒸锅铺、盒子菜 699

咬 春 706

太阳糕 711

清明零拾 715

慎终追远话清明 722

我家怎么过端午 727

端午节，吃粽子 735

五毒饼 740

清宫过端阳 745

桂子飘香栗子甜 753

贴秋膘、吃螃蟹、氽烤涮 759

应时当令烤涮两吃 768

中元普度话盂兰 775

一年容易又中秋 782

北平的中秋   787

中秋应景菜——清炖圆菜   794

玄霜酒、月华糕：乾隆慈禧两朝的中秋   796

吃年糕年年高   803

北平的重阳花糕   806

冬补琐谈   809

天寒数九话皮衣   819

迎春话水仙   839

冬雪琐忆   846

天寒岁暮忆腊八   855

送信的腊八粥   861

腊八粥补   869

皇历在中国

我国考古学家缪小山先生曾经说过，根据《史记·三皇本纪》的记载，在天皇氏时期就有历法了。天、地、人三皇各传一万八千年，据以推算，中国早在三五万年甚至十多万年以前就知道如何记年了，可惜太古记事散佚失传，仅凭先民代代口述相传，至于确实的岁年，时至今日也就无从作明白的考证了。《通鉴》上有"伏牺（即伏羲）作甲历，天干、地支两者相配，六甲一转，天度一周，年以是记而岁功成，月以是记而日功成"的记载，据此则我国在六千四百六十一年前开始有历法，已经是确切无疑的了。中国历法流传了六千多年而岁序依然，现在尽管政府岁计以公历为准，并且实行了半世纪之久，而民间仍然习惯使用农历，当然有其不可磨灭的优点：第一，伏羲以迄黄帝修订的历法，以日月星辰的运行为标的，历朝修订历法，也都以星缠运行为准绳，周而复始，自有其永恒价值。第二，中国历法是采用十进位计数，配合甲子六十进位法计算精密，能跟公历并行不悖，政府民间各适其适。第三，中国历法按二十四节气，配合农时，中国是以农立国，对于农民作息，极为方便。有此三者，所以到现在奉行不替。

天干和地支

"天干"是甲乙丙丁戊己庚辛壬癸十个代号；"地支"是子丑寅卯辰巳午未申酉戌亥十二个代号。天干地支互相配合，可以演变成六十个代号，轮番使用，以记载年、月、日，也就是现在星象学家所说的六十甲子。最早王懿荣在中药店买来的龟板（也就是殷墟甲骨）中，就发现殷商时期以干支略年的记载，虽然不十分完全，可是可以证实是殷商肇始的，后来燕京大学搜藏殷墟龟甲上，把六十甲子，全部在二十几块龟甲中刻画出来，更得了殷商时代就以干支记时的确证。

二十四节气

历书最注重的是节气，节气也就是天候，一年有二十四个节气，节气之由来，是古人把一周天分为三百六十度，从二分（春分、秋分）到二至（夏至、冬至）分为四个等分。从春分以零度开始，夏至九十度，秋分一百八十度，冬至二百七十度，再回到春分，恰恰是三百六十度，每隔九十度又各分成六等分，四乘六得二十四，就是二十四个节气。

一年分为十二个月，恰好每个月有两个节气，这就是节气的由来。关于二十四个节气，古人为了让人便于记忆，曾经编了一个口诀："正月立春雨水，二月惊蛰春分，三月清明谷雨，四月立夏小满，五月芒种夏至，六月小暑大暑，七月立秋处暑，八月白露秋分，九月寒露霜降，十月立冬小雪，十一月大雪冬至，十二月大寒小寒。"如能熟记口诀，则哪月是什么节气，就不会忘记了。

流年图

翻开历书第一页上端，是一幅流年图，也就是一只定方位的罗盘，图心先定东西南北方位，方位外层，排列乾、坎、艮、震、巽、离、坤、兑文王八卦，不过这不是一看而知的，必须对《周易》有深入的领悟，才能窥知其中奥秘。简单地说，八卦是代表八个方位、八种事物的。八卦外层跟罗盘中心之间有一白、二黑、三碧、四绿、五黄、六白、七赤、八白、九紫，也就是中国星象学家所谓之"九宫"。意大利有一位女星象学家海伦·拍蒲探赜索隐，她发现这是太阴系的九大行星，其中微妙通玄，研机杜微，现在还没达到融会贯通的程度。图的最外层，有大利、大凶、小利、清吉等字样，是星象学家根据阴阳五行配合干支推算出来的，不是我们外行人一望而能断定何者为吉、何者为凶的。

二十八宿

中国古代研究天文学的专家们，把天体划分为三垣二十八宿，三垣是"太微垣""紫微垣""天市垣"；二十八宿，东方为角、亢、氐、房、心、尾、箕，西方为奎、娄、胃、昴、毕、觜、参，南方为斗、牛、女、虚、危、室、壁，北方为井、鬼、柳、星、张、翼、轸。垣是大区，宿是小区，左边为东方属青龙，右边为西方属白虎，前边为南方属朱雀，后边北方属玄武，环绕周天，周而复始，运行不息。

关于中国历法，在清代是由钦天监主持推算，制定时宪书颁行全国，现在改行阳历，每年春节之前，书报摊上五花八门的时宪书，生意还挺不错的。逛街买一本时宪书，带回去给尊长们，没事时翻阅翻阅，好像还颇受欢迎呢！

甲子拾掇

爆竹一声,献岁发春,一眨眼又是岁逢甲子了。甲是十干之首,子是十二支之首,以干配支,其变六十,也就是说,要过六十年,才有一次甲子年呢!

干支自古相传是天皇氏所创,黄帝时大挠氏才以天干配地支来纪年月日时。从黄帝纪元开始,到现在整整七十七个甲子了。

北平名星象家关耐日,虽然学历不高,可是推算命理,有极深的造诣,连林庚白、李栩厂、袁树聊几位对子平极有研究的学者,对关耐日都推崇备至。遇到有关命理上的难题,总要找关耐日研究一番,因此关不但在平津颇著声名，就连上海地皮大王程霖生，虽然对于命理自认博考精研，可是遇到犹豫难决的大事，还专程到北平去求教呢。癸亥年小寒之后转瞬就是甲子，他打算在上海大马路买块地皮，照命理推算甲子跟程的八字冲克太重，关劝他甲子年以守成为是，千万不可妄动。结果程麻皮未听忠告，不但大马路那块地皮大亏其本，就是其他地皮生意在甲子年都一败涂地，从此对关耐日更是五体投地。关说甲子年是干支之首，对一般人来说，都是变动较大，所以劝人这一年善自操持，载舟覆舟起伏甚大，风险也就险恶，每个人都应当特别谨慎。

笔者在北平时，每年春节，最喜欢逛厂甸，风雅之士多半逛书摊古玩摊，买些文房用品书籍玉器古玩字画，年轻朋友则喝喝茶，吃点小吃，看看热闹，买点耍货。我是一进海王村公园，就往西南角几个旧货摊寻宝，在破铜烂铁堆里蹓跶，别看不起那些旧货摊，有时真藏有旷世奇珍，就看您如何挑选啦！

癸亥年，我逛旧货摊，曾经以一块二毛钱买一堆夹七夹八的废物回来，家里人都笑我有点神经，可是这堆破烂，经我拣选洗刷，在里面居然发现一寸半长方形的艾叶熏图章，尘垢淤积，有如一块土弹。等冲洗干净，赫然是一方刀法清遒奇逸阳文的印章，上端刻有一尊低眉屃坐无量寿佛，下刻"甲子吉祥"四个古鉩。更难得的是款边刻字，全都完整，用侧锋竖刀刻着"甲子贞吉，用以为佩"八个字，下署"稚绳"二字字体较大。

我看这方石章，光致柔厚，刀法古博疏畅，可以断定绝非出自庸手，可惜不知稚绳是哪一朝代的人。

有一天我到散原先生（陈三立）家送我们《诗钟雅集》整理后的抄本，顺便把那方印章带去打算请教它的出处，碰巧姚茫父在座，姚氏不但诗书画三绝，对于金石方面的遗文琐事，更是摛纂渊博，无所不知。他一看就说这方艾叶熏是难得一见的河北玉田石头，因为产量极少，又出自水坑，所以知者不多。我请教姚氏稚绳是何许人，他说："稚绳姓孙名承宗号恺阳，稚绳是他的字，河北高阳人，生于明世宗嘉靖四十三年（1564），适逢甲子，到了熹宗天启四年（1624）又逢甲子，累官兵部尚书、东宫大学士。他精于六壬紫微斗数，他认为甲子年是他龙跃天门的吉星，也是虎卧悬崖的恶煞，所以他得了这方名石，就刻了这方印章随身携带以资厌胜。谁知魏忠贤参谗乞归，清兵攻高阳，率家人拒守，城破投缳死。明谥文定，清谥忠定。"皇天不负苦心人，散原先生也非常高兴，我对姚氏的肃括宏深，简直佩服极了。他笑着对我说，并不是他渊博，而是他刚刚看完《明史》的《孙文定公列传》，所以能够原原本本说出孙稚绳的身世来。后来这件事传到齐白石先生耳朵里，他让他的学生李苦禅借去观赏，齐老不但敬重孙承宗是位忠臣，对于印章的佛像古钵认为都是神来之笔，他想让我价让，我当然不肯。后来他画了一张三尺长的条幅，是一座油灯盏，一只老鼠在灯盏半中腰想往上爬偷油喝，又怕热油燎首，鼠眼灼灼趑趄不前。从上面垂下一只工笔蛛子，游丝垂直而下，丝约尺多长，是我所看到的齐老七十以后的精心杰作。他托王梦白来跟我情商交换，齐老画草虫一向画得极为雅瞻工致，可是配景有时则嫌粗犷兀危。可是这幅画刻峭清丽，没有一笔写意，全是工笔，又关乎王梦白的面子，只好割爱交换。琉璃厂荣宝斋南纸店的掌柜何景明在我处看见这幅画，爱不释手，时逢甲子，首鼠当令，今朝子飞又是好口彩，他怂恿我印了若干便笺跟请客帖子，版存荣宝斋。他们柜上也用原图印了好几百上千盒的诗笺，数月之间再版了若干次。后来又把笺纸加矾，一直销到欧美，柜上算是发了一笔小财。白石老人自从得了这方印，甲子年给人画的画、册页，凡是得意之作，都盖上这方印章，前些时看见蒋碧微收存一本册页，是白石老人工笔草虫，每页左下角就赫然印有"甲子吉祥"四个朱红字呢！

再过不久又是甲子年了，市井又传说头鼠年生的小孩，主大富大贵，又有鼠头鼠尾的小孩福气大、一辈子顺利的流言。舍亲李骏孙榴孙昆季，不但对于子平均有深厚的研究，曾在上海设立"命学苑"，还著有研究命理的专书《新命》行世。他们认为甲子是干支之首，阴气太重，那一年做事就业都应当谨言慎行。小孩子宁可避开甲子年，榴孙长子就是避开甲子，乙丑年生的。这种五行生克，我们门外汉不敢妄加月旦，不过像过去的龙年，大家大生龙子龙女，闹得今年小学一年级都要增班，那就未免太庸人自扰，希望大家不要再随便起哄了。

甲子首鼠年鼠谈

时光弹指，日月如梭，一眨眼又是一个新甲子，照《尔雅》岁阴岁阳纪年阏逢困敦，又是首鼠当令了。

提起鼠的别名，可就多了：北方叫它"耗子"，南方叫它"老鼠""老虫"，《唐书》称鼠为"坎精"，《埤雅》称之为"穴虫"，《云仙杂记》谓鼠为"社君"，《正字》通称鼠为"耗虫"，韩昌黎因为鼠能站立，前脚能立于颈上，称之为"礼鼠"，岭南因为鼠可入供，避讳鼠字，称之为"家鹿"，此外尚有许许多多别名，恕不一一举述。

北平有一种耍耗子者，他家养的老鼠，

有仓鼠、栗鼠、小白鼠几种，他能训练它们攀梯、跳圈、钻坛子、走钢丝各种技能，耍耗子者穿街走巷，他所用的唤头叫"聂兜姜"，跟唢呐大致相同，只喇叭口较大，平常不察，误为唢呐。有些大户人家小孩把耍耗子的叫到院里耍上半小时，也不过十个八个铜板，也有人家把训练好有技艺的耗子买来玩，一只耗子就要块儿八毛啦！

纯白小洋鼠，其毛胜雪，有一对红眼睛，非常可爱，笔者幼年曾养过两对。后来在学校上生物解剖课，解剖一只灰鼠，不料灰鼠即将临盆，开膛破肚后一肚子未长毛的肉鼠，非常恶心，从此对鼠类产生抗拒心理。同时发现"贼眉鼠眼""獐头鼠目"，种种有关鼠的成语，再细一端详，果然鼠的两眼贼式式的实在令人起反感。

舍亲阮夫人，从盛年到晚年足足抽了四十多年鸦片烟。她的烟榻设在南窗之下，北方的房屋都是纸糊的顶棚，她抽烟有个习惯，喜欢把烟往棚顶上喷。她去世之后，阴阳先生算定九天回煞，那一天家人都回避别室，就听见屋里翻盆倒瓮，嘤嘤嗷嗷，以为回煞显灵，吓得谁也不敢进去看看，恐怕被秧打着。第二天大家一齐进屋，发现顶棚有几块地方，啃得粉碎，从上面掉下来三四只老鼠，全都奄奄一息，才知道老鼠们闻烟成瘾，一旦烟瘾大发，才冒死窜出的。

清朝京师积谷之仓，多达十七个，诸如南新仓、北新仓、海运仓、禄米仓、新大仓等都是米粮仓库。有仓就有鼠，仓鼠饱食终日，毫不怕人。从前稽查京东十七仓的粮官说："这种仓鼠体重量宏，管仓的工人尊称它为仓神。老鼠尽管成群结队来吃粮食，到了盘仓的时候，食耗绝不会超过官订标准，尽管米都泛了黄色，但从不发生米蛀虫。有一年新换仓官，是内廷总管崔玉贵的侄子，年轻好胜很想好好做点事，首先从扑灭仓鼠做起，不到匝月就杀了上万只仓鼠，谁知年终盘仓，损耗超过规定标准，监守自盗，按律当斩。后来在白米斜街发现一家大地窖里堆满了整窖的精白米十多万斤，据说都是得罪仓鼠给搬运过去的，后来由崔玉贵内外打点，才改判充军宁古塔。"这种仓鼠有重达一斤多的，是最有福气的一种老鼠。

民国二十年笔者初到汉口，住在青年会，总干事宋如海请我到硚口一家小馆吃小笼粉蒸牛肉。小馆门前有一棵老槐树，在两丈高的树杈上有大如西瓜的黑灰色鸟巢，饭馆伙计说天天一掌灯就有老鼠爬上爬下忙个不停，后来才知道是老鼠在树上搭窝。我觉得老鼠不在地下掏洞，而在树上搭窝，真是向所未闻，所以回来后就把这个趣闻告诉了同事李藻荪兄。他博览群书，见多识广，他说："《后汉书》有'光武建武六年，九月大雨连月，鼠巢树上'的记载，武汉三镇不久恐有大水。"结果长江泛滥，市区陆地行舟，月余未退，鼠类能凭什么感觉而趋吉避凶，真令人莫测高深了。

李经羲文孙李栩厂高超清旷，积学雄文，尤精子平。抗战期间，他累次去贵阳公干，总是住在世交吴简齐的唐园，纸窗竹屋灯火清荧，正好夜读。邺架所储珍本古籍不少，于是拿下一本线装书来浏览，谁知书后架上站立一只毛茸茸小动物。先还以为是一头花奴，仔细想想又觉着不大对劲，再往里一看，居然两腿拢肩兀立未逃，敢情是一只硕大老鼠。四川老鼠本多，夜间在卧榻上跳来跳去，车辆急驰老鼠过街也时常窜逃不及，毙命轮下，想能拱立而不怕人者，实为仅见。韩昌黎所谓的礼鼠，大概就是这种鼠类了。他作了一首《礼鼠赞》，当时诗人曹湘衡、曾小鲁等人都有诗唱和，我曾抄下原诗，可惜现在一句也记不得了。

先三伯祖心宸公，曾任湖州府知府。湖州毛笔是全国知名的，先伯祖任满内迁，当地制笔名手曾子晋送了他老人家两匣特制大楷中楷毛笔，中楷就掺有鼠须。据曾说："所谓鼠须，其实是以鼠颊下几根毫毛方称上选，制成毛笔写字时，刚柔坚软，挥洒从心，就是所谓鼠须栗毛笔。有人说狼毫就是鼠须制成，其实狼毫是鼬鼠毛，俗称黄鼠狼，而非栗鼠。"当年北平马大人胡同有一所旧宅，庚子年全家殉难，一直空在那里，后来卖给青年会办学校，有三四十年没打扫过，积尘盈尺，鼠猬乱窜，月牙河灌水的时候，淹死了二三十只黄鼠狼，识货的火夫，把鼠尸卖给琉璃厂贺莲青笔庄制鸡狼毫，还得了一笔好价钱呢！

美国是保护野生动物最得力的国家，前年笔者在加州跟几位朋友在烟波浩瀚、修柯夏云的太浩湖边野餐，树上的松鼠成群结队，从树上溜下来觅食，看见石桌放有水果饼干，它们对坐在石凳上的游客，毫不畏惧，窜过来就啃。有几个美国小孩捡石子丢它，这些鼠类视若无睹，照吃不误。当地一位警员说：

"松林树木有三分之一的针松，已被松鼠啃得树皮成了光杆儿，居民不堪其扰，啃木器，咬地毯，闹得人身心俱疲，屡次请派警方协助灭鼠，但数量太多，加上繁殖力惊人，至今尚鲜成效。"中国人常说抱头鼠窜、胆小如鼠，想不到美国的松鼠如此猖獗胆大，令人不可思议。

笔者屏东寓所，原系日式房屋，后来拆屋改建，当挖地打桩时坑深丈余，发现有一鼠穴，夜间只听到坑内鸣声嗷嗷极为凄烈，晨起临视，一只小田鼠力搏两只家鼠已毙其一。不料小田鼠能咬死大家鼠，古人说："野鼠铁爪钢喙。"

当年曾听说有一种叫"鼯"的鼠，俗称"飞鼠"，前后两肢有膜所以能飞，昼伏夜出，声如儿啼，可是始终未见过。前几年有事去高雄县六龟乡，在乡间木瓜树上发现一只奄奄一息的飞鼠，据说是被一头果子狸啮伤。恰巧跟我同去的陈先生是兽医出身，弄了点药给它敷上，顿饭时间，已能飞腾。有人想要来饲养，我因为这种稀有动物，还是纵之山林，让它自然繁殖的好，所以把它放了。在疗伤敷药时，把这头飞鼠看了个清楚，形态跟蝙蝠极为近似，只是毛色黄褐跟蝙蝠的灰黑色有别而已。

上海有一家颇具规模的卷烟公司，民国二十年因受世界经济不景气影响，面临即将收歇命运。董事会正在召开结束会议，会议室木条垩粉的天花板忽然崩裂，从上面掉下一只老鼠来，与会人士有人说，老鼠有人称它为财神，这是大吉大利的预兆，我们何妨出一个金鼠牌卷烟试试。谁知金鼠卷烟一上市，就供不应求，闹猛起来，从此公司业务越做越兴旺。后来他们打了一只纯金老鼠，放在天花板架子上，以资纪念。今年岁次甲子正是首鼠当令，希望我们的国家日升月恒，也一天比一天壮大起来。

乙丑谈牛

乙丑值年，鞭打春牛

时光轮转，不觉又是旃蒙赤奋，子鼠隐息，又轮到乙丑值年了。

过了年二十四个节气，第一个节气就是立春，在前清时代，所有节气都由钦天监推算准确，具报上闻，何时立春，并且还要附呈《春牛芒神图》，届时由皇帝率领百官，亲临先农坛祗祭芒神，然后鞭打春牛，祈求终年庇荫，物阜民丰，仪式是非常隆重的。

到了民国，除了旧式历本，还印有《春牛芒神图》外，祭芒神打春牛祈福的举动，不但完全停止，现代人对于打春牛这档子事，甚至于不知是怎么回事了。

到了洪宪时期，王铁珊当京兆尹，因为黄河泛滥，冀鲁豫三省有的地方旱涝不收，京兆尹又想起来祭春牛。春牛是裱糊店用秫秆扎起来的，外涂有色泥土，还用泥土捏了一只小牛犊子，塞在春牛肚子里。春牛有几尺长，几尺几寸高，尾长几尺，都按历书上所列尺寸（据说牛的形象，头颈腹尾，甚至胫蹄的颜色，也年各不同）。至于芒神身高几尺，头上是双髻还是单髻，年老年少，穿鞋或赤足，何者是旱年，何者是雨水年，都是各有讲究的。

牛黄可治疾病

照中国医学说法，凡是患有肝脏疾病的牛，可以从内脏里启出牛黄来，有的牛黄普通，有的牛黄异常珍贵。北平四大名医孔伯华，在他书房琴桌上，放着一只大玻璃罩子，里面放着两只雕镂精巧的紫檀架子。左边架子上有一只比鹅卵还大一号的牛黄，颜色灰中泛紫，右边一块颜色黄紫相兼，黄中透明。左边一只，据孔伯华说，叫"西牛黄"，是甘肃一位病患送给他的。像鸡卵大小那只，比大药铺所见还大若干，是极为罕见的广牛黄。两者治小儿惊风极为有效，西牛黄合以辰砂，医治瘫痪尤有神效，是他在福州药市上无心遇上，以高价买来的。风瘫患者得病即治，可以痊愈，而且也不会再发。这两种牛黄，都是可遇不可求的神药呢！

牦牛可以代步

先伯祖志文贞公，在奉令巡察藏边时，西巴塘察木多的希仑马拉耶寺有一位圣哲，两人谈得极为投契，在寺里盘桓了五六天。他把寺里喂养的一只奇怪小牦牛，送给将军代步，并且说目前将军骑从如云，当然不用它来代步，不过将来总有用得着它的时候。将军当时未多加留意，只觉得盛情难却，就把那只小牦牛带到伊犁饲养。结果发现，此牛颈有肉瘤凸起，状如驼峰，试过脚程，真能日行三百不饮不食，而且在沙土泥地奔驰，不颠不晃，平稳异常。不久先文贞公在伊犁殉难，遗体就是这头牦牛驮到当地灵渊寺入殓的。慌乱之中，此牛据说被一藏胞牵走，当此离乱之中，自己顾不到查讯，后来也就无从查讯矣。先伯祖同年李盛铎、梁鼎芬从已故立委广禄闻知此事原委，均有诗哀之，先伯父在伊犁时，常侍将军左右，曾摄有鞍鞯齐全照相一帧，惜在离乱中遗失矣。

画家以牛为画题

历代画人物的名家，以牛为画题，传世的不多，除了故宫现存的《归牧图》，蒯寿枢一幅明万历年《卧牛图》，暨吴湖帆所藏宋人无款《牛斗图》外，留传画牛画轴不多。当年北平有一位画家李苦禅，想请齐白石老人画一幅"老子牵牛过古城"，齐白老总是阻四不肯动笔，后来李苦禅无意中在晓市买一帧李龙眠画的《素描十八应真》手卷，卷尾后面还裱着一纸乌金纸，白石先生鉴赏之后，爱得不忍释手。老人一高兴，立刻铺纸挥墨，仿宋人笔意画了一幅"老子骑牛过函谷"，青绿山水，人物高近一尺，古牛画得更是崎崎历落，人物意境清朗。老人画成之后，自己也觉得是神来之笔。苦禅故后，此画辗转流入刘海粟先生之手。他曾在上海梁均默先生寓所展示过一次，刘嗣兄尊人刘先礼，跟夏山楼主韩慎先，还有盐业银行张伯驹，大家一致公认那画是白石老人最得意佳作。海粟先生故后，此画流入何人之手，就不得而知矣。

雕竹名家刻牛

龟庵主人袁寒云，住在天津时，大半住在国民饭店，他收藏的一些金币古钱，都陈列在一个花梨紫檀多宝格里，还有不少稀奇古怪的小玩意儿。其中有一长逾一尺的牛角，初看颜色洁白，有类象牙，据说是一位印尼朋友送给他的。当时正赶上印铸局开炉铸印，所有在北平雕刻的名手都在印铸局参加工作。其中于啸轩、沈筱庄，都参加铸印工作。于是刻牙的高手，沈是雕竹名家。沈氏刻了一头牛，于氏刻了一只豹。豹据地作势，耆然长啸，牛则两脚后仰，奋力支撑；两者各具生死搏斗姿态，奇谲灵动，栩栩如生。寒云告人其太夫人系梦黑豹入怀而生，故又名豹岑，他认为豹是他的吉星，所以趁于沈两人铸印之便，就在牛角上刻好豹牛相搏的形状。至于所刻的牛，跟他的豹是相克的，所以刻一只蟒牛以示镇压。至于所指的蟒牛为谁，他就不肯吐实了。寒云故后，此物辗转流落上海尊古斋古玩铺，其妻舅刘公鲁见是寒云遗物，以大洋五十元购得。沈筱庄南归，路过上海，尚见此物陈列在刘公鲁的书桌上也。

泰县斗牛，凶猛刺激

西班牙斗牛，据说斗牛者个个长袂利屣，锦衣綦目，斗到最后剑光如电，一剑将牛刺杀，可惜我未曾见过。某岁，我有事去泰县，临近泰县境内有一小镇中宝庄，当地有樊、徐两大族，几乎每年都举行斗牛一次。胜方可先引河水灌溉农田。我既然赶上这样的盛会，自然不肯错过，跟着大家前去随喜。斗牛共分三场，以体重相同者列为一组，由小牛而大牛，牛背除了银饰彩仗，身帔鞓鞏，双角各绑鞿璋尖刀。每只牛都尽量装扮得雄武华丽，最后主斗之牛除有氎毹裹身，并有紫缰镽带盛饰增丽，让人一看就知是主斗的牛只。双方牛只对阵，先用利角互相刲触，继之以暗藏利鑊、身上鞮鍪，互相扑击，遇有过分凶悍牛只，三五回合即能将对手裂腹刲脜、肠肚外流。胜方当场欢呼设宴款客庆功，负方只有垂头丧气率众黯然者退。据闻，徐府已连胜三年，为了维持颜面关系，给牛的制装费即耗去大洋六七百元，宴客花费尚不在内。

据看过西班牙斗牛者谈，目前西班牙斗牛已列为观光客主要节目，真假互见，实在不如中宝庄看斗牛凶猛刺激也。

神户牛排，传自青岛

现在西餐馆吃牛排已大行其道，好啖的朋友都认为神户牛排最为细嫩柔滑，殊不知神户牛排，是德国人在青岛饲养牛只而加以改良的。德国人当时占领青岛时，德国总督最嗜吃牛排。审知青岛水深土厚，冬不酷寒，最适牛只繁殖，故从德国运来一批优良品种牛只饲育。其后日人占据青岛，此批牛只由一专家运往日本神户饲养，并且增添特别饲料，而且用啤酒给牛浑身按摩，牛肉更显得特别腴嫩滑香。现在所谓特级牛排，其实是从青岛德人手上得来的。

张大千擅长牛头筵

谈到吃牛头筵，宋子文任财政部部长时，偕税务署长谢祺巡视湘鄂赣区海关统税情形，过经岳阳，当地统税所所长李藻荪与彼等有旧，特请当地名庖人刘旺福做了一席牛头筵宴客，并请当地驻军刘经扶军长陪客，菜仅八筵二汤，均系出自牛头，鼎俎庖宰，肥酥调畅毫不腻人。宋谢两人胃口均佳，恣飨竟日，羽觞尽醉，此后宋氏在沪每一谈及，仍念念不忘也。

大千先生初次莅平，最好吃春华楼、济

南春两家，多次邀我同席，目的在邀我提调点菜。渠尝夸擅长牛头筵，俟选得上等材料，将亲自动手，让我尝尝比岳阳刘庖手段如何，其后一别多年未晤。前数年渠自海外回台，暂住云和大厦，某夕在台视看徐露演《二进宫》，又提起欠我一顿牛头筵，此债非还不可。可是他迁居之后，既忙于布置新居，又忙于绘事，牛头筵之约始终未实现，他已驾返道山矣。

神龙见首

献岁发春，太阴历的丙辰年，按十二生肖推算属龙，所以又叫龙年。旅港名相家李栩厂，前年就说过，辰属水丙属火，水火既济，飞龙在天，岁次丙辰是我们飞跃发展的一年，所以丙辰年称之为大吉大利的年也无不可。我国同胞对龙年都特别欢迎，异常重视，家里有成年的男女，都希望在兔尾龙头时期结婚，赶在龙年生个肖龙的龙种来光耀门楣。总而言之，龙年不管在国家、在民间都是寓有国运昌隆、吉祥如意的象征的。

龙年谈龙的文章，一定不少，我想来想去还是写几条自身经历的龙的故事，来点缀点缀，免得跟大家写的文章冲突。

民国十九年，天津忽然闹了一次洪水，当时在天津以作对联出名的联圣方地山先生，就是从二楼窗口坐澡盆逃出来的，可见当时水势是如何凶猛迅速了。等水退后，笔者从北平赶到天津，慰问各处亲友的时候，就听说金龙四大王其中的西昆将军在海河现身，已经被人迎到大王庙，供奉起来，这两天正在酬神唱戏呢。

舍亲许禹生的先世，在前清做过河督，因黄河决口，久久不能合龙，跳入洪流而殉职的。他家有一部图文并茂的抄本《龙姿手鉴》，举凡历代治河有功殉职大员的生平、故后的封赠，以暨死后的化身图形（大部分幻化龙形蛇形）都有。据说各堤防崩溃，最后合龙，必定有金龙四大王一位河神护佑，究竟是哪一位驾临，一看《龙姿手鉴》，即可明了。不过这种书，都是收藏严密，平日不愿随便给人看。有一年六月六日许府依例晒书，笔者碰巧赶上，彼时对于这类事虽然也不太留心，可是这种书没见过，所以也翻看过，只记得第一位是大禹王，历代河神化身，有的像龙，有的似蛇，不过每位特征，书里都记述得非常详细。脑子里一直总有这个印象。

现在既然听说西昆将军现身了，有一瞻龙姿的机会，焉能轻易错过？于是也赶到大王庙看看热闹。一到大王庙，庙里庙外真是人山人海，费了好大的劲，才挤到靠近神位之前，供桌上有一副朱漆木架，上头架着一面三尺见方的朱漆方盘，所谓"西昆将军"敢情是二尺多长、比拇指略粗的一条碧绿带青的小蛇。所奇怪的是，蛇身蟠踞盘中，岸然昂颈，卓荦不拔，前后左右，虽然有十几只大香炉围绕，每只炉内，都烧着火光灼灼的百速定（香名），飞焰闪闪直逼将军下额，可是这只小蛇夷然昂首，不畏不动，接受四天香火，悄然而隐。究竟是怎么一回事，在笔者脑子里始终是个谜，直到现在也没猜透。

汉口夏季的燠热，是全国有名的，民国二十一年夏季更是热得出奇。承武汉闻人方耀亭（本仁）先生的关注，暑天让我搬到武昌黄鹤楼半山的积善堂去住。这个善堂冬季施粥施棉衣棉被，夏天仅仅施舍暑汤暑药，有两位老者管理，所以事情非常清闲。其中有一位叫余立人的，是清末武昌府衙门的皂班头，曾经伺候过武昌知府大人梁鼎芬，梁跟先祖是会试同年，一提起来，所以倍感亲切。每到假日，余老就带我到武昌、汉阳各名胜地方逛逛。

有一天，进到了萋萋芳草的晴川阁，前面一个砖砌的方亭，离着亭子二十多丈远有一口井，井上有一铁锈斑驳的井盖，还有一把大铁锁锁着。余老说井里锁着一条孽龙，是大禹王治水制服的四孽龙之一，这条龙叫兀木齐。我问余老何以知道得那么清楚，他说他刚一到衙门当差的时候，制台是张香帅（张之洞），香帅头脑新颖，最不信邪。既然井里押的是条龙，倒要瞧瞧是什么样。于是叫锁匠把锁盖打开，敢情井盖跟一条粗铁链子相连，垂到井里，雇到几十名民夫往上拉铁链，哪知铁链越拉越多，堆得比房还高，铁链还没拉光，可是渐渐拉着费力，又加雇民夫来拉，一时井里水夹风声，戾啸冲天，井水跟着汹涌四溢，大家猝不及防，一松手，拉了一整天的粗铁链，顷刻又倒回到井里去了。张香帅虽然不信怪力乱神，到了此刻也只有焚香祝告一番，仍然加锁加封。当年还立有木牌告示，年深日久，告示已然早就无影无踪了。

可是到现在，井仍然锁着，没人敢开。这桩事是余老亲眼所见，所以说得历历如绘。后来笔者曾经跟当时武汉绥靖主任何雪公提起过，在座有绥总参议朱传经，他也赞成打开井看个究竟。可是何雪公一生做人做事，都是稳练持重，他说武汉在去年（民国二十年武汉大水，患了七十多天）大水之后，今年又去惹那孽龙，万一再闹水灾那就糟了。雪公既然如此说，于是大家也就一笑而罢。

后来在福建闽侯郭啸麓先生所写的《洞灵小志》里，他把晴川阁的孽龙兀木齐说得跟余老所见完全一样。他说安徽泗州也被大禹王押有一条孽龙，大概京剧里《水淹泗州》的猪婆龙，就是这位神圣啦。郭说孽龙一共四条，其他两条龙的来龙去脉，也说得很清楚，可惜此书没在手里，一时也想不起来了。

抗战之前，舍间跟几位好友在江苏里下河、兴化、泰县、东台一带运销食盐。抗战爆发，政府恐怕食盐资敌，已税食盐，又都奉令免税疏散，各县盐栈，也就只好收歇，所有生财家具，一律集中泰县堆栈保管。早年各行各业，除了各有祖师爷外，还各有保护神。干盐务的吃大海走江河，所以供的都是历代殉职河官、敕封某某将军的。抗战胜利，笔者来到泰县，打算重理旧业，所以各地供奉各位将军的神位牌，全放在正屋靠墙的长条案上。原驻扎李天霞的部队别调，由黄伯韬在扬州的部队接防。黄部初到泰县，人生地不熟，到处找住所，一看下坝这所大房子不错，有位排长就进来登堂入室看一番，他在客厅东张西望，也没开口就走了。后来黄伯韬自己进驻泰县光孝寺，他是天津老乡，笔者请他吃熬鱼贴饽饽，他一进客厅就说，他听部下说泰县住着一位大官，上代的将军就有十多位，虽然有好多群房闲着，可是他们没敢借住，老弟你知道是什么道理，你想不到吧，是你条案上供的龙王爷，这个将军，那个将军，把一帮愣头青给唬住吓跑的。至此我才知道我是获得四海龙王的庇佑，才免生若干闲气，省了很多唇舌的。

在民国十七八年杨宝忠还没改文场之前，在杨小楼戏班搭班唱老生，他知道唱须生吴铁厂，在《铁莲花》里，老生的俏头很多想跟铁厂讨教讨教，给仔细说说。程砚秋的师傅荣蝶仙，唱扫边老生甄洪奎跟吴铁厂都是至亲，所以就由荣甄两位约了吴铁厂在北海五龙亭仿膳小酌。宝忠知道吴铁厂虽然好酒，因为闹鼠疮脖子，滴酒不沾，可是遇上好酒，就要喝个尽啦。宝忠为讨好铁厂，把用大觉寺玉兰花泡了多年的二锅头酒也带了去。唱戏讲究饱吹饿唱，冬劲天儿，北海游客不多，连说带唱足足折腾了一个时辰，既有好酒，当然宾主尽欢，宝忠酒量出自家传，铁厂虽没大醉，可也有点过量。酒一喝足，铁厂的话也就多啦。他说咱们中国有三座九龙壁：一座在大内皇极殿当照壁，一座在山西大同府，一座就是北海的九龙壁。三座之中只有北海九龙壁，因为小西天万佛楼落成请西藏密宗高僧开光，他看见九龙壁奇彩缤纷，霞光闪闪，一时高兴，就在壁前嗥经咒施法通灵，继而一想，如果真的通灵，一旦破壁飞去，朝廷诘问下来，那麻烦可就大啦。于是立刻停止念咒，可是其中有条蓝龙，已沾了少年灵光。平日大家都知道吴铁厂很有点鬼门过，有人看见过他施展大搬运法，今天他既然酒后兴豪，于是撺他到九龙壁前，表演一手，开开眼界。一行四人到了九龙壁前，因为壁前有铁丝网拦着，不能近前，吴铁厂掏出一条手帕，对准蓝龙头部一掷，手帕立刻吸在壁上，没有一分钟，手帕掉下来，再看蓝龙须角眼睛，都在动弹，杨甄两人认为自己也许酒后眼花，可是荣蝶仙滴酒不尝，明明白白也见龙头部分，须角抖动，栩栩如生。大约有三分钟时间才归于静止。这件事是吴铁厂去世以后，杨宝忠说出来的，料来不会虚假。

以上几段有关龙的小故事，有的是亲目所睹，亲耳所闻，或者是亲身经历，当此科学昌明时代，其理固不可解，说出也未有人相信。可都是些的的确确事实，令人猜不透其中奥妙，现在写出来就算姑妄言之。

蛇年话蛇

代表纪年的生肖十二年一轮回，也就是六十年一个甲子里，每一生肖要轮制五次值年，说起来并不是什么百年难遇的事。想不到这回丙辰龙年，不知哪位高明人士心血来潮，说是龙年生男是龙子，必定吉人天相，大富大贵；生女是龙女，金玉满堂，大吉大利。于是未婚男女赶在年头结婚，已婚男女更是努力耕耘，期望年尾之前，龙子龙女得以出笼。大家盲目赶工的结果，据卫生机构可靠统计，这一个龙年，出生的婴儿，比正常年可能要多出八万多丁口。简直是对执行家庭计划的机构，颇不友好的挑战行为。有一位大学教授，酒酣耳热之际大叹，如果（台湾）大专联考制度维持不变，二十年后的大专联考，一下子要比往年多出八万多人拼挤窄门，那些莘莘学子可就更惨啦。虽然这是一句玩笑话，却也是实情。

幸好，转目之间，辰去巳来，今年是轮到蛇年了。蛇是软体冷血动物，对蛇有好感的人大概不会太多，照说大家今年总该民亦劳止，汔可小休了吧。依据中国古老的传统，蛇、蛟、龙是属于近亲的爬虫，蛇百年成蛟，蛟百年成龙。在十二生肖里，龙年过了就是蛇年，大陆有的省份管蛇叫"小龙"或者是"闰龙"，可能是其源有自的。

谈到蛇，近十多年来，医学界对于蛇的兴趣大增，世界各国都有研究蛇类的专家。自从美国医学界发现蛇的毒涎可以医治心脏病，并且能够遏止癌细胞的散布后，研究蛇类的人，与日俱增。依据专家的统计，全世界蛇的种类，人类已发现的，有两千四百多种，其中大半的蛇，都是无毒的。

目前在蛇类里最大的蛇，是一种叫大乌兰加的蛇，有一百五六十尺长，圆径有尺把粗细，虽然大得令人可怕，可是它却是以小动物和鸟蛋为主食，只要不侵犯它，不会无故伤人。

在台湾我们认为被竹叶青、雨伞节、眼镜蛇这三种毒蛇咬上一口，蛇毒散得最快，若不立刻施救，必定丧命，算是顶毒的蛇了。其实真正最毒的蛇是澳洲的敏地蛇，这种蛇所经之处，草木立刻一片枯黄，乘人不备蹿高偷袭，快而且准，人畜遇上，无一幸免。澳洲人起誓都拿敏地蛇赌咒，澳洲人认为，这是世界上最毒的蛇了。

关于哪一种蛇最毒，专家学者，各持己见，莫衷一是。美国东南部发现属于响尾蛇中一种东方衲背响尾蛇，体重有十四五公斤，身长有二点六七米，有人说这种蛇最毒。也有人认为虎蛇和东南亚产的蓝色柳条蛇，是不分轩轾的两种毒蛇，因为它们只需放出两毫克的毒涎，就能致人于死。可是巴西专家又一致推认一种叫"格本拜柏"的蛇，才是真正毒性最烈的蛇，因为它嘴里有一百多只内倾环齿，每只长度有三点二厘米，一旦被咬，全部毒牙同时放射毒涎，未及施救，即已送命。据说这种毒蛇极为罕见，前年美国费城动物园养过一条，不知何故，这条世上稀有的毒蛇，居然自己咬自己自杀了，从此专家学者也就失去研究的对象。

所有蛇类的构造都很特别，它的嘴里没有硬骨，可以自由伸缩，像一个大洞，比它大若干倍的动物，它都敢张口吞食。中国有句古话是"人心不足蛇吞象"，庞然大象，蛇虽然吞不下去，不过，蛇象相遇，蛇可不为此畏缩，依然昂然不惧，照样猛攻。有一种啮齿蛇，体积不大，倒足以逼使大家公认最毒的响尾蛇一遇上它就骨软筋酥，不管双方体积相差多少，耗来耗去响尾蛇终归成为啮齿蛇的嘴上美食。天演公例，一物伏一物半点不假。非洲有一种吃蛋蛇，吃技专精，一口气能连吃七八十只鸟蛋，而且吃完能把蛋壳完整地吐出来，此后一两年之内任何蛋类都可不吃。这种蛇是蛇类少数胎生中的一种，全身肌肉比别的蛇类细致紧缩，非洲人认为是补药中的神品。

一般蛇类受精后，最快的一个月就生蛋，最慢的有五年才生的。另外有一种黄斑蛇，一次受精，即可连生十六年，每年孕生一次，每次能产一百多只蛋，造物之奇，真是不可思议。美洲有一种森岫蛇，是森林池沼里生长的一种水蛇，最大的也有三十多米长，据说这种蛇经专家证实，是由蜥蜴演变而来，咱们中国古代传说蛇变蛟，蛟成龙，中外传说相互印证，蛇能变龙，似乎信而有征了。

据台湾热带毒蛇研究所一位负责人谈起，他说夏季天气闷热，是蛇类最活跃的季节，稍不留心，即有被蛇咬伤的危险。大家一看见蛇，都会惊慌失措，其实蛇类并非统统有毒。以台湾来说，如锦蛇、水蛇、南蛇等俗称菜蛇，都是没有毒性，纵或咬人，也不会致死。

在台湾常见的毒蛇是百步蛇、青竹丝、雨伞节、龟壳花、饭匙倩（俗名眼镜蛇）、黑背海蛇等。除了饭匙倩恶性重大常会主动袭人外，其他的蛇，纵使是毒蛇也都是人不犯我，我不犯人。它们咬人似乎都是出于惊恐自卫。

总之，无论出于主动或被动，被毒蛇咬伤，其危险程度是一样的。大致说来毒蛇的特征是：头部以三角形的居多，不爱群居，喜欢独来独往，颜色艳丽，而且鳞片闪烁有光，长相也很特殊（如眼镜蛇、雨伞节等）。如果遇上，必须镇定，千万不要惊慌，防范的方法有以下几点：

一、居住郊外，或依山傍水的别墅，尤其野外露营，如果在住所或临时帐篷四围撒上一圈石灰，蛇就不敢侵入石灰圈里。因为蛇一碰到石灰，即觉疼痛难忍，甚至皮肉溃烂，任何毒蛇都不敢越雷池一步，这种方法万试万灵。

二、到郊外散步游玩，最好随身携带手杖，走过漫长荒草地带，不妨先用手杖拨弄前面的野草，蛇一受惊，立刻游走，所谓打草惊蛇是也。河岸的壁穴、田埂上的土洞，都是蛇类最好躲藏的处所，千万不可走近用手试探。

三、蛇在夜间瞳孔自然放大，才能充分吸取外来的光线，远处看来，如同萤火虫的蓝光，小孩子们往往误为萤火虫，前去捕捉而招来意外之灾。所以，晚间在郊外一闪一闪的蓝光才是萤火虫，如果蓝光定而不移，长明不灭，那八成是对蛇眼，千万不要招惹它了。

四、栖息河岸池边有一种水蛇，虽然无毒，偶被它咬伤，伤口如碰牛粪，立刻发炎红肿，若不赶快医治，也有性命之忧。此外，乡间住户，多半在鸭舍鸡埘饲养几只大白鹅，因为蛇一沾鹅粪，立刻脱皮，所以蛇一看到有鹅，立刻远遁，毫不停留。

五、如果有人被蛇咬伤，一时分不清有毒无毒，有个辨识方法，极为简易：注意伤者印堂（即两眼之间鼻梁上方）如有像针扎的感觉，就可以断定是毒蛇咬的。蛇毒分"阳性"和"阴性"两种，被阳性毒蛇咬伤的，伤口立刻红肿发炎刺痛，心神不定，坐立不安。被阴性咬伤的恰恰相反，伤口不觉肿胀，只有轻微麻辣，身体疲倦，昏昏欲睡。此刻要绝对警惕，千万不能让伤者睡着，因为一睡成千古，势必还魂无术了。

被毒蛇咬伤的人，最好马上送医，越快越好。如果在荒郊野外，一时无法送医，要是伤在手脚，立刻把伤肢用布条扎紧，会喝酒的，尽量喝点烈性酒，因为酒精跟蛇毒一发生中和作用，可以延缓蛇毒的散布，以便送医疗毒。至于有些人把咬伤的皮肉割掉，或者用火灼烧灸，并不是上策，尤其是用嘴来吸吮伤口，更是危险，切勿尝试。

如此说来，蛇对于人类岂不是一点好处都没有了吗？并不尽然。据说罗马有一家医院，专门给人防治秃顶，百试百灵。在第二次世界大战发生之前，意大利有一位高级外交人员，平素最重仪表，唯恐自己一过中年头发稀疏有损观瞻，于是到这家医院防治秃顶，居然效用卓著，不但旧发不脱，而且新发茂密光润。大家竞相赞誉，于是门庭若市，发了大财。其实所用主要原料，就是一种毒蛇熬炼出来的蛇油，究竟是什么蛇的油，他可就秘而不宣了。

我们中国四川省的雅江出产的中药黄连驰名中外，当地药商说，凡是出产黄连的地区，就有一种蛇叫黄连蛇，以黄连为主食，专门吸取黄连精华，人们捉捕到它之后，把蛇弄死晒干，磨成蛇粉。初生婴儿在未开口吃奶之前，先以少许羚羊角跟黄连蛇粉，用水调和给婴儿吞下，就是天气再酷热，吃过这种蛇粉的小孩，一生也不会生毒疖热痱子。所以，得到点黄连蛇粉的人家，都如获至宝似的收藏起来，以备不时之需。

近年"国科会"支持台大医学院从事百步蛇毒的研究，发现这种蛇毒含有抗血液凝结成分，对于治疗血栓症，比别的药物更有持久性功效。同时从毒蛇研究中证明蛇毒分心脏毒素和神经毒素两大类，都具有缓和心脏跳动、抑制血液凝固、阻断神经传导的功能，将来很可能成立百步蛇养殖场，大量养殖，提炼治疗血栓药剂，供应医学界使用。如再作深入探讨，料想必有更多的医疗用途呢。

方今最让世人注目黑白种族纷争的罗德西亚，就是盛产蛇类的国家之一，那里有一种叫青森蛇的，体大而肥，肉更鲜美适口。史密斯总理为了促进经济发展，吸取外汇，几年前，不惜花费重金延聘养蛇专家和美食高手，把蛇肉制成肉酱，用真空容器装瓶外销。听说运销世界各地情形良好，已为罗国挣得大量外汇，谁能想到，望而生畏的蛇类居然还能够佐餐健饭呢。

从前有个事实，也是蛇对人类的好处。在前清时代，粮政办得好坏，咱们姑且不谈，可是听说当年米粮的仓耗，每年千分之一都不到。清代管粮仓的职官是二品大员仓场侍郎，是专管公众粮食仓库的。库存余粮有近百年的老米，民国初年，北平老字号的粮食店还能淘换到陈年老米，给病人煨老米稀饭吃，说是易于消化，而且克食。这种米尽管颜色已成浅褐色了，可是绝对不霉不蛀。

笔者因好奇心驱使，曾经找到一位当年在京东十七仓当过库丁的问过，他说公仓里不用罗砖地，全是干燥的黄松木板，浮面再堆上一尺多厚的炉灰渣子，一年一换，仓库四周墙角都撒上银炭的炭屑防潮，仓库当然是严禁烟火更不准撒石灰。根据历代古老的传说，护仓神最忌讳石灰。谈到护仓神，他非常神秘地细声细语说，就是长老爷子（北方管蛇叫"长虫"，所以他称呼蛇为"长老爷子"）。

每年四月十六大翻仓一次，所有仓板都要拿出来曝晒，撒去旧炉灰，另换新炉渣铺上。可是翻仓的头一天清早，必须先祭护仓神。在仓门摆设香案，由总库守主祭。祭品只有三色，是一壶白干，五十枚生鸡蛋，五只带毛的雏鸽，只点蜡烛而不焚香，祭完一放鞭炮，所有各守护神自当陆续回避，第二天即可着手清仓。平日各粮食屋顶梁架，板下灰堆，都藏有各式各样蛇类，平素毫不惊扰出入人员，只要鼠类一进仓里偷吃粮米，它们蹿起来一吸，立刻把老鼠吸住，一饱蛇吻。仓里没有偷米的鼠类，所以仓米损耗减到最低程度。再加上管仓的老法子勤翻多动，推陈储新，防止霉蛀，盘仓当然没有大亏损了。照那老库丁的说法看来，蛇类在粮仓里还真比库守得力，无怪乎神权时代，视它们为护仓神，虔诚地奉祀呢。

抗战之前，笔者跟几位世交，在苏北泰县曾经运销过食盐，在下坝一带，有几栋盐仓。撤退时，政府恐怕食盐资敌，于是全部免税疏散，除了杂项仓库之外，所有盐仓全部腾空。

等到胜利还都，回到泰县一看，大小盐仓依旧无恙。打开仓库，只见橼牙榱桷，梁柁楣楔，仿佛流烟坠雾，如絮如云，挂满了粗粗细细一条一条的蛇蜕。再一清扫四周卤沟（热天可能有的盐溶化成卤，所以盐仓都有青石板的卤沟，以便宣泄），大大小小的蛇蛋差不多也有一两百枚。蛇蜕堆在一处，也有二三十斤之多。用卤沟的老卤来腌蛇蛋，不但黄沙白嫩，芳濡温润，啜粥佐酒，其味复绝。而且可以明目却湿，小儿吃后，夏日可以免生毒疮恶痱。

蛇蜕一包当时就送给打扫的工人，让他

拿到药店换酒喝，料想他一定非常高兴，可以大打一番牙祭。谁知他无精打采地回来，再一问他，才知道药店根本不收蛇蜕。于是笔者带他到一家最大的药店，进门先问龙衣是什么行市（中药行话管蛇蜕叫"龙衣"）。照当时市价，我们那包龙衣，换了五袋子洋面价钱，货银两讫，带着工人回到盐栈，他才知道到药店蛇蜕叫"龙衣"，人家才肯论值收货。蛇蜕性凉，焙干入药，可治恶疮丹毒。寻丈以上的蛇蜕，缝在裤带里，给孕妇束腰，可以预防流产、早产。中国在若干年前中医已经知道蛇能治病，早就加入汉药的系列。

大陆或台湾都有一种捕蛇专家，除了像广东蛇行，在夏末秋初，派出能手从广西境内进入十万大山集体捕蛇，供给冬季各大餐馆举行三蛇全蛇大会，让一般老饕冬令进补，大啖蛇筵的捕蛇手，算是特殊方家外，至于一般捕蛇能手，也都各有秘不传人的绝招。

民国二十年，笔者在武汉工作。有一位

同事方君，是武昌的望族，湖北讲究请知好到家里喝汤，无非是萝卜炖淡菜，或是老藕煨排骨。一天中午，方君坚约我到他家喝汤，推辞不掉，只好偕同三位同事一起前往。他家的客厅轩敞高雅，正中厅柱悬挂一方刘石庵所写"摅意弘观"拓镌的木匾。刚一入席厨子捧着油盘送汤，忽然大叫一声，夺门而出，并且请大家赶快离开客厅。

大家仓皇出了客厅，厨子指指堂匾，大家才看清楚匾的上方露出一个红冠高耸、两眼碧光闪烁的怪物。头部很像大号公鸡，可惜露头藏尾看不到全身，就有人说是怪蛇，可是笔者始终不相信，哪有长了红冠的蛇呢。这个时候用人已经把一位捕蛇能手请来，据他观察这是一种叫"黑蝮"的毒蛇，蛇龄可能有两百年左右。他把带来的一小桶油质药膏在所穿衣裤上涂遍，然后把新毛竹一劈两开，毛口朝外，用麻绳绑在四肢和前后胸上，一切停当后，走进客厅，吹出一种声音很奇特的口哨。过了不久，那条蛇果然蜿蜒而下，盘在炕桌上，昂然矗立。此刻才看清蛇身长度还不足四米，可是蛇身鳞甲闪彩，毒信吞吐，丑恶之极。

这位捕蛇手拿着一条小藤鞭子，对准蛇头左右摇晃，果然把蛇激怒，飞纵下桌，人蛇立刻纠缠一起，在地上互相蹂躏翻滚。大约有一盏茶时间，蛇皮被竹片割得四分五裂，血流满地。捕蛇人从怀里抽出一把利刃，对准蛇的颈部一划，把蛇胆摘出，一吞而下，蛇身委地，立刻僵直。捕蛇人经过一场搏斗，已具筋疲力尽之态，不一会儿，他却满面红光，异常雄伟，原来是蛇胆的功劳。他说，这么一来，至少可以延寿三十年，如果当真，那只蛇胆岂不是比千年何首乌、百年老山参功效还大吗？平生所见怪蛇，这条黑蝮算是最丑恶的了。

台湾老一辈的人常说：台湾省冈陵起伏，林壑幽深，当年淡水、浊水、楠梓、仙溪重峦冥密，流沙怪石之间，到处都有蛇虯的踪迹。日本人窃据台湾之后，对原始林木乱砍滥伐，蛇类无法潜踪，日渐减少。当年台北的中和乡就是蛇的大本营，自从中和乡大兴土木，开辟社区，蛇才避地他迁，不再为患。

可是到现在，省内各地每年仍然会出现一两次大蛇，尤其是南部近山地区。以一九七六年来说吧，在高雄县桃源乡建山小学，因为附近森林茂密，山旁草丛高可及人，四月间，又碰到天热缺雨，蛇类因而外游了。建山小学校园出现的一条两米多长，有胳膊粗细的大蛇，被一位老师看见，三招两式就把巨蛇拿获。当地山胞认出这种蛇是巨灵蛇，特点是力大无穷。同学们为求证实，把蛇吊在树上，这条蛇可以把一只硬木椅子拉高，小猫小狗被它缠住，立刻窒息。后来，校方将蛇皮剥下做了标本，蛇肉送给山胞加菜，七八个壮汉，足足嚼了三四天，可见这条蛇有多么粗壮了。

新营的盐水镇桥南里，去年六月初，有人发现一条巨蟒在八掌溪旁戏水。目睹的人说，这条巨蟒有三十多台尺长，腰粗如大海碗，背黑腹白，眼睛荧光闪闪，有鸽蛋大小。引得盐水、朴子两地的捕蛇专家，齐集桥南里一带，放哨听风，都想捉捕。这条蟒蛇，身躯矫健，听觉、嗅觉特别灵敏。捕蛇人用尽了各种捉捕方法，甚至以鸡兔等小动物为饵，它好像洞悉狡计，不为所动。它一游走，轻劲超距，虎虎生风；它经过的地方，都被辗出一道牛车车轮一般的痕迹。有人悬赏五万元购捕，但是此蟒忽隐忽现，令人无法捉摸。

朴子捕蛇专家李清荣表示，这条蟒蛇本性善良，可能已经玄化通灵，绝不致伤害人畜，念其修炼不易，就不要搜捕它吧。后来有人查勘到八掌溪桥下有一处巨穴，就是它的蛇窟。附近住户在日薄崦嵫的时候，不时看到它在穴旁栖息游动，溪边戏水。既不伤人，大家司空见惯，也就不去理会它了。

　　台湾省水产试验所所长邓火土说，去年六月间，高雄县六龟乡山地发现一条生有两腿的怪蛇，被山地育幼院的院童们弄死。该院董事长杨煦牧师，认为是罕有的动物，将它制成标本，在院里陈列，俾供众览。这条被认为罕见的怪蛇，约有两米长，手臂般粗，花色黑白相间，在后段肚子上长了两条腿，每条都有一台尺长，腿上还生有许多爪。邓所长说：那腿状的东西是雄蛇的生殖器，也就是俗称蛇鞭。雄蛇的生殖器生在肛门里，平时都缩藏在肚腹之内，只要用手在它肛门部位用力压挤，就会伸出体外，这种情形不太经见，所以大众才误认为是条长了腿的怪蛇。

　　瑞典的斯德哥尔摩市，有一次珠宝展览会里，聘请三条毒蛇保护一颗价值四十二万九千美元的蓝宝石。据说这种毒蛇毒性剧烈，而且散布非常迅速，被它咬上一口，无法救治，在十分钟内，必定死亡。瑞典规定，任何展览会是不准由毒蛇担任警卫的，不过这次珠宝展览，是在某一国的大使馆内举行，所以警察当局虽然知道他们触犯法纪，可也莫之奈何。想不到蛇对人类又多了一桩贡献。

蛇年谈吃蛇

中国人以吃蛇驰名全国的，要属岭南一带人士啦。讲到割烹技术最精美的也都是羊城名庖。可是治馔材料上选的毒蛇，广东只有怀集、广宁、增城出产少量毒蛇，大部分蛇宴所用的毒蛇，全是从广西十万大山捉捕来的。

在黄河流域以北，蝎子多长虫少（北方人管蛇叫长虫），看见蛇已经浑身肉麻，甭说把蛇治馔调羹，当珍馐美味来大快朵颐了。

谈到我们中国人吃蛇的历史已经很久啦，梁任昉的《述异记》就记载："汉和帝时，大雨，龙堕宫中，帝令作羹赐群臣。"那时龙蛇混淆，所谓龙，实际上也就是蛇。和帝要不平素常吃蛇肉，岂敢贸然制羹，赏宴群臣呢。要是再往前追溯，左丘明的《左传》，也有"羹龙氏醢龙以食"的记述。到了明朝李时珍所著的《本草纲目》，更明确地指出"蚺蛇肉极腴美"。由此看来，我们吃蛇，源远流长，已经有几千年历史啦。

广东人吃蛇是有季节的，讲究秋风起，三蛇肥，才开始吃蛇，到了冬至前后，大排蛇宴，觥筹交错，才算正式冬补呢。

广东的蛇行蛇店，跟鸡鸭行一样，街头巷尾，到处都有。可以在店里指定要哪一条蛇，现杀摘胆，蛇胆生吞，蛇肉下酒，煮炒㴆炖，悉听尊便。

在广东虽然大家都知道蛇是美味，但家庭妇女中，很少有胆量捉一条蛇，像杀鸡宰鸭一样轻轻松松烹而食之的。因为蛇分有毒无毒，而且蛇性各异，又是滑不溜叽，要是被毒蛇咬上一口真能立刻送命，不是闹着玩的。至于蛇行经验丰富的劏手，一看是条毒蛇，首先把蛇的毒囊毒牙摘下来，然后再剥皮开膛，那就万无一失了。所以有人捉到奇毒异蛇，送到蛇行蛇店，请他们代为宰杀，收些手续费，也是他们营业项目之一呢。

以广州市来说，蛇行似乎比蛇店的营业范围大，大的蛇行就有二三十家，每家都有十位八位身手不凡的捕蛇好手。一交立秋，各家蛇行就派出捕手，结队向广西十万大山出发，入山捉蛇。笔者有位朋友伍君，他家世代是开蛇行的，据他说：

"毒蛇种类有好几十种，我们捉捕的蛇大致以饭铲头、金甲带、银甲带、过树榕为主，因为那些毒蛇，祛除上中下三焦风湿恶毒，效果最好，另外最主要是一种叫贯中蛇的。这种贯中蛇，是蛇宴中全蛇大会一条主蛇。它能把上中下三焦湿毒一气贯通。哪一年贯中蛇捕得多，蛇宴生意必定特别兴隆，大家都可以多分花红。此外还有金钱豹蛇、水律蛇、白花蛇、蚖蟃蛇、蟒，那就是蛇宴的配料了。大家入山捕蛇有一固定入山的山口，进山没几步路就有一座蛇王庙，大家先在庙里安营扎寨，虔诚祈梦，必须其中有一位在梦中得到蛇神指点，今年准许捉捕贯中蛇多少条，大家才能入山分头捉捕。最后各家捉捕到的贯中蛇，一律要归公分配，如果有人私自隐匿，超过蛇神指点的数字，那一年必定有人弃尸深山，不得善终。这种事累显灵异，所以谁也不敢尝试。"伍君说得活灵活现，好像真有其事，咱们也就姑妄听之吧。

蛇行蛇店的老师傅劏蛇，真是会者不难，伸手到蛇笼里一抓，就是一条。左手拇指食指，把蛇颈一下箍紧，蛇尾用脚踩住，蛇的肚子一翻白，蛇的嘴就张开了。接着用锋利匕首，在蛇的上膛闪开式的一刮两刮，把蛇的两只能放毒液的大牙刮掉。然后用手摸出蛇胆的位置，对准蛇胆拿尖刀一划，破开一个小口，单手一挤，立刻挤出一粒蚕豆大小，碧绿的蛇胆出来。那只没了胆的毒蛇，如果放回蛇笼里豢养，仍旧可以活上十天半个月呢。

吃蛇的方法很多，最普遍吃法就是将蛇剥皮放血后，把蛇肉带骨切成寸段，用葱姜料酒，加入点陈皮用水清炖。广东菜馆掌勺的大师傅，一桌全蛇宴席，能做出二三十种不同以蛇为主的珍馐美味出来。而且名堂百出，每道菜都给起个响亮别致的菜名。您就是饮馔专家的老吃客，也不见得能够猜得出来都是些什么菜。譬如蛇片虾片双炒叫"双龙闹海"，红焖蛇鳝虾叫"三星拱照"，蒜粒炒蟒蛇肚鸡什件叫"龙肝凤胆"，蛇肉煲鸡爪叫"龙衣凤足"，蛇宴里主菜三蛇，果子狸，配上鲍鱼火腿鸡丝叫"龙虎凤风云会"，要是加上一条贯中蛇，"一气贯三焦"，那就更名贵啦。全蛇大会主人要给厨房、堂倌放赏，在座宾客也得向主人敬酒申谢，最后主人还得请在座宾客到澡堂洗个热水澡，才算终席。

当年岑春煊因为久历戎行，终年餐风宿雨，得了风湿，一年到头都要吃鹿茸配的膏子药，鹿茸吃多了之后，不但眼睛布满血丝，而且嘴里常有异臭。经过名医诊断，告诉他每到冬令进补的时候，多吞几粒蛇胆，尽可能多吃蛇肉，多饮蛇汤，可以缓和内腑的郁热。因此每到冬令，凡是蛇宴的酬应，岑都是欣然命驾大啖一番。

岑一向脾气暴躁，喜欢纠参同官百僚，在清朝疆臣中是出了名的。有一位兵备道为了点小事，得罪了岑督宪。岑正准备出本参奏，碰巧这位观察大人有人送了他一条紫蝮蛇。据说这种紫蝮蛇，是百年难遇的稀世珍品，不但能调中理气，而且祛热除湿更是妙用无穷。于是洁治紫蝮盛宴，恭迓宪驾。这一着棋真算下对啦，参章不但化为乌有，到了年终反而列名保举。

第二年元旦，那位观察大人兴高采烈，焚香开门，正准备出门迎神接福，兜一兜喜神方，不料抬头一看照墙上，多了一副对联，上联是"紫气东来"，下联是"蛇光普照"。弄得这位观察大人啼笑皆非，从此官场中写春条，大家都避讳不写紫气东来，这个因由，就是从这儿来的。

梁均默（寒操）先生曾说过一段吃蛇肉的故事。他说："朋友们常说我是广东美食专家，而广东又是最讲究吃蛇的，总认为我一定吃过最盛大的蛇宴了。我不仅吃过三蛇、全蛇，甚至吃过五蛇大会，自己也觉得很了不起了。有一天跟同乡谢祺（当时任财政部税务署署长）聊起吃蛇。谢说要谈吃蛇，我们谁也比不了保君健，他曾经吃过子母蛇的七蛇大会呢。保是江苏南通人，中学毕业，就考取公费留学，到美国哥伦比亚大学攻读。同系同室有位同学汤家煌，是世代在广州开蛇行，所以汤君耳濡目染从小就成了一把捉蛇高手。只要一个洋面口袋，一根麻绳，不管是多厉害的毒蛇都能手到擒来。

"留学生天天吃热狗三明治，胃口简直倒尽，汤君偶或逢周末，有时约了保君健郊游野餐，总带一两条活蛇，到野外现宰现炖，两人大啖一番。起初保君健心里对吃蛇还有点吓丝丝的，后来渐渐也习惯了蛇肉煨汤滑香鲜嫩，比起美国餐馆的清汤浓汤，自然要高明多多。从此两人不时借口外出度周末，就到郊外换换口味解解馋。

"有一天汤君从校外带了两位老乡，还拿着两罐药膏。在宿舍里，每人都把双手两臂仔细用药膏搽匀，又匆匆而出。过了顿饭时间，三个人好像疲惫不堪地回到宿舍，大布袋里多了两大一小三条毒蛇。汤说，有一天他在校园里散步，无意中发现一处蛇穴，照蛇游行过草上残留的蛇迹，直跃而行，猜想是蛇中珍品子母蛇，同时蛇已怀孕，就要生产，可是还不能百分之百确定。蛇类都是卵生，只有子母蛇是胎生，子母蛇除了有一般毒蛇治病的长处外，疗治五劳七伤特具神效。

尤其是刀伤枪伤，凡是吃过子母蛇的人，就是遭受武器伤火药伤，伤口愈合，要比普通人快出一倍，所以军中朋友特别视若瑰宝。这种子母蛇，在两广一带已经稀见，居然在加州碰巧遇上，汤君自己没有捉捕过这类毒蛇，所以又请了两位此中有经验的高手帮忙，果然一下奏功，居然公蛇母蛇幼蛇窝里堵一举成擒。于是大家兴高采烈一同到了旧金山一家专门供应蛇宴的酒家，用全蛇加上子母蛇来了一次百年难遇的七蛇大会。他们同时约酒家老板入座大嚼，这种盛馔千金难求，饮啜之余，老板一高兴，连酒菜都由老板侍候啦。

"保君健吃过子母蛇的七蛇大会，颇为自豪，可是他可不敢在人前炫耀。因为原配是美国人，继配是智利人，同学聚会时常开他玩笑，说他专吃西式洋餐，其乐融融。在酒酣耳热的时候，他也偶吐心曲。他说娶洋婆子，实在乐不敌苦。自己爱吃蛇肉，虽然吃过稀世蛇宴，但在两位夫人之前，甭说夸耀，连吃蛇肉都不敢吐露半句口风，你们说乐趣在哪儿呢？"

从梁默老这段话，才知道蛇宴里还有七蛇大会呢。近几年来，台北的广东饭店酒家越来越多，到了冬令进补的时候，大家也互相拿三蛇宴、全蛇大会来号召，但笔者朋友中畏蛇者多，嗜蛇者寡，总也凑不上一桌人，所以已经多年未尝异味，兴致来时，也只有到夜市场来碗锦蛇汤解馋了。

午年话马，马到成功

中国自古以来，在想法上好像龙马总是浑然一体，谈龙必及马，说马也离不开龙。古代前人就把有实体的马和无实体的龙同样升华加以神化，并且给马赐以嘉名，称之曰"天马"。《周礼》更明白说出："马八尺以上为龙。"古书上更有"龙马出而易兴"的说法，汉武帝撰《天马歌》，米南宫作《天马赋》，陈抟老祖名句"开张天岸马，奇逸人中龙"。唐三藏降服孽龙幻化成白龙马，不畏艰难险阻完成万里关山求取真经宏愿。薛仁贵乘神马东征高丽，班师跨海肃清叛将而安社稷。南宋时泥马渡康王，才有宋室偏安之局。

这些都是神龙天马的事证。

唐代宗有匹名马叫"九花虬"，每嘶群马耸耳，身被九朵花纹，赐予了定国安邦元臣郭子仪。五代的朱温有一匹良驹全身乌黑，通体没有一根杂毛，赐名"一丈乌"。朱温珍爱异常，结果在良马配良将的情形之下，终于割爱赐予宠将寇彦卿了。从此可知古代君主为了羁縻部众，时常会把名驹颁赐臣下以彰圣德而励有功的。

《尚书》上记载："天子之车驾六马。"《汉书》上说："陛下骋六飞。"唐太宗的昭陵六骏，在贞观初年不但亲自把"飒露紫""拳毛骔""白蹄乌""特勒骠""青骓""什伐赤"撰了一篇《六马赞》，让欧阳询用八分书写出来，在龙驭上宾的遗诏里并且念念不忘让丘行恭在陕西九山昭陵勒石，足证前朝帝王对于名驹良马是如何地爱惜重视了。

中国西南的四川，西北的新疆、青海都是出产名驹良马的地方，可是养马名家对川马都加上一"小"字，叫小川马。因为川马跟新疆的伊犁马确实有小大之分：一个是躯体玲珑，蹄胫可弯，爬山越岭，毫无碍难；一个是昂首阔步，鬃厚蹄坚，奔驰原野，快可追风。可惜川马产量本来不多，加上后天调教饲养食水不足，因此繁殖力日益衰退。加之抗战军兴，西南公路陆续开发，军糈民用物资，渐次改用卡车，川马慢慢变成英雄无用武之地了。可是新疆就不同了，新疆全省可耕面积只有百分之三十，水源短绌，别的畜牧事业一直无法开拓，倒是马匹得了天时地利，还能繁殖壮大。

新疆全省伊犁是马种最好的地区，在新疆买马，都讲究买伊犁马。伊犁马虽然没有西洋马躯体高大，但是跑起来，一口气能跑三百里，比起西洋马只能跑一百五十里，耐力要长出一倍。所以杨鼎臣（增新）主持新疆省政时期，俄国人用骡马驮了土产来卖，回程总想把骡马卖掉。那些俄国洋马看起来雄姿英发膘足马大，可是新疆同胞除了哥萨克马队的马以外，对那些中看不中吃的洋马是从来不屑一顾的。洋马耐力太差姑且不谈，尤其是新疆草原有一种丛生野草叫醉马草，本地牧马人放青溜趟子的时候，马都认识哪一种是醉马草，知道避而不吃。可是俄国马则不然了，不但不避，而且爱吃，马一吃了醉马草浑身发软，疲惫不堪，要经过一天一宿才能恢复正常，驮货上路。请想成群的马队，要有几匹在平沙无垠的草原上卧槽，那有多伤脑筋呀！

中国各地贩卖马匹的商人，要买马不是奔新疆，就是到青海去买。青海全省的面积，差不离有七十二万平方公里，马匹的数量虽然稍次于新疆，可是马市反而比较集中。仅仅海源县的两三家牧场，每家就经常有三万左右的马匹待价而沽。逢到牧场放牧，万马奔腾，飘飞飙举尘土遮天声势赫赫，有如地震一般。

大陆北方贩卖骡马的都称之为"马贩子"，他们到新疆、青海甚至内蒙，整群地买了马匹，再赶到各处去卖。在当年交通不发达，公路未修好，没有卡车之前，货物运输，长途跋涉，全是有赖骡马驮运代步的。所以贩卖马匹这一行，虽然工作辛苦，可是能赚大钱，当年也算是大生意。马贩子到新疆、青海买马，都是在春寒解冻的时候。资本雄厚的大马贩子买马讲究论沟不论匹，沟分大小，有三百五百匹一沟的，最大的有八百到一千匹一沟的。买卖成交之后，虽然根本用不着一匹一匹地点，可是一沟马的确数，上下也不过相差十匹八匹而已。马匹成交之前，先讲明是买主自己赶，还是由卖主清沟交货，两者价钱大概要相差总价五分之一或六分之一。

　　据说高手的马贩子，先到沟边相马，认准这一沟马里哪一匹马可以当顶马（就是能够带领马群的头马）。只要认准顶马，先赶出沟，其余的马就乖乖地鱼贯而上，一匹也不会走失短少。假如买马的经验不够，把顶马看走了眼，把普通的驹子看成顶马，只要一出沟，这些野马立刻咆哮炸群，四处狂奔。等师傅们挥动长鞭，把桀骜不驯的劣马围回来，走失的马匹如果太多，这一批生意，就没什么厚利可图啦。所以技术稍差、相马没有十分把握的马贩子们，担不起那么重的干系，索性讲定沟外交货，虽然价码高点，可是就无虞马匹有炸群走失的情形了。马贩子到沟边相顶马据说也是有秘诀的。整个朔风刺骨的冬季，马群都挤在沟里避风过冬，霜雪结冰，衰草偃伏，良驹体健耐寒，蹄坚力大，遇有冰下水草，能用健蹄踏碎坚冰茹草饮雪，虽然一冬饥渴，然而比起一般驹马仍然显得昂藏不群，列为顶马，马群自然慑服。

金树仁接替杨增新主持新疆省政，他的一位贴身侍从，早先是相马高手，曾经相得一匹五花马（毛色黑白相间的马），脚力特快，献给金氏而受赏识的。此人姓氏事隔多年已不记得，只记得金氏当面叫他"乞银"，后来查过《佩文韵府》，才知道"乞银"西番语就是马的意思。

云贵之间有一种行当叫"马帮"，是养着大批骡马、专门代客运送货物的，帮规很严，禁忌更多，有些举措，很像早年镖局子行径。他们跑三天以内的里程叫"短程"，三天以上的叫"长程"。在对日抗战初期，运输工具不济的时候，滇缅公路、川黔省路上也曾经仰赖成群结队一两百匹大马队支援军糈民食呢。马帮出发上路之前，先由帮主（他们帮里叫他锅主，或是帮头）选定一匹能孚众望、任重致远、识途的老马带队，他们称它为"头骡"。如果大队超过一百匹以上，还要选一匹副手又叫"二骡"。出发之前头骡二骡都拴上红绿彩色辔头，额悬明镜颈挂鸾铃，金芒照野，超逸绝尘，真是威风凛凛。随帮的伙计，如果是一百匹牲口，长程买卖，最少也得雇上二三十位伙计才能照顾得周到圆满。甭说别的，二三十口随身的衣服、帐篷、炊具就是一大堆，晓行夜宿，出发前备马装鞍，上驮子，伙计们真要大忙一阵子呢。

马帮说话禁忌很多，那是任何一个帮会都有的现象。"汤"要叫"菜花"，"碗"叫"莲花"，"筷子"叫"篙竿"，"柴火"叫"明子"，"睡觉"叫"入窑"。谁要是犯了忌讳，货主愣是要另掏腰包，请全体帮众打上一餐牙祭；要是帮众犯了呢，轻者罚多干苦活，重者就要罚上夜巡更啦，所以大家无不小心翼翼，谁也不敢粗心大意犯禁条。笔者挚友王同荫、同义昆仲，抗战时期服务某军事单位运输处，就时常跟马帮打交道。第一次押运军糈，马帮首次给了他们一本小手册，大概有二十多条禁忌。旅途走了十七天，两人犯了四次禁忌，这趟公差把差旅膳食全赔光还不够呢！

先伯祖文贞公最爱名驹良马，他老人家

有一对大宛名产"菊花青"，雄肌健骨，卓荦不群。别的车辆经过北平北海三座门金鳌玉蛛桥的时候，因为桥基长耸，跟车的必定要挽上勒下。唯独这对菊花青所驾的敞篷车上不需挽，下不用勒。当年德国公使馆也有一对棕色骏马，公使夫妇也喜欢乘坐敞篷马车逛街，有时两车在文津街相遇，我们的车直上直下健步而前，他们的车可就办不到啦。所以德使夫妇对于舍间的这对菊花青爱慕之极。后来洵贝勒载洵的大管事梁增，在西单牌楼大木仓胡同口外开了一家天福马车行，特别订制一辆结婚礼车，银饰彩袱，雕云九色，车门由正面开阖，新人上下隆重端庄。所以当时讲究人家举行婚礼，都愿意租用天福的新式礼车，梁管事就时常商借舍间这对菊花青充场面。先伯祖故后，这对菊花青护送灵輤到京西核桃园茔地安葬之后，这两匹名驹，不饮不食，没有几天就双双瘐废殉主了。桐城马其昶前辈写了一篇《飞马行》，引起当时学者名流以及先伯祖生前同年友好，如陈宝琛、李盛铎、黄体芳、宝竹坡、梁鼎芬纷纷以诗文词赋，纪实表扬。可惜那些汇集成册的诗文都散失了。

北伐成功后，笔者住在上海新重庆路，临近马霍路，在寓所阳台上就可以用望远镜看到跑马厅赛马的热闹情形。笔者虽然不喜欢买马票，可是对于看赛马则颇有兴趣。马霍路一带有很多的马厩，每当晨光熹微或是夕阳衔山的时候，三五成群的马夫，都把马牵出来遛弯儿。这时候轻裘缓辔，人马意态都是轻松闲散。若是能跟一些马夫一边闲聊，一边漫步而行，可以从马夫嘴里听到许许多多豢马常识。据他们说：马场里黑幕重重，为鬼为蜮的事，实在说之不完。大赛的时候争先让位，马师们捣鬼的花招千奇百怪。姑不谈人，就拿马来说吧，如果是匹名驹这次大赛夺标有望，侍候这匹马的马夫，前两个星期，就要眠食与共寸步不离，来看好自己的马。加水上料固然要特别小心，每天还要加喂一餐新鲜红萝卜，马吃红萝卜等于人吃人参进补一样，不但增加耐力，而且可提高速度。可是要特别防范别人喂它苹果，马是爱吃苹果的，要是赛前有人喂它苹果，等于下毒。出赛时一下马道子，立刻劲道全失，只有看着别的马绝尘而驰了。更有些不道德的骑师，赛前给自己马偷偷打一针吗啡，给别人的马暗中注射镇静剂，或是在马鞭子上加钢针打短刺。不过这类事情要是让赛马会查出来，不但骑师不准出赛，事态严重的，甚至被马会永远除名。虽然处罚如此之重，可是仍旧有人以身试法，希望侥幸成功的。

上海跑马厅的马夫如果马主的马怀孕生产，多余的马奶，向例归马夫出售，算是马夫外快。上海卖马奶并不吆喝，在马脖颈上系一铜铃，铃声叮当马就施施而来了。马奶入口微酸，没有牛奶好喝，可是当时上海有名的西医臧伯庸、曹子清，中医夏荫堂遇到下肢痛风的病人，必定是劝病人多喝马奶。一般人都嫌马奶酸难下咽，夏荫堂告诉病家，马奶里放几粒炒焦的松子仁，果然就不泛酸而且隐泛奶香了。

民国二十二年笔者正在武汉工作，元旦那天清早，平汉铁路局几位名票何友三、费海楼、章晓珊、南铁生都到舍下来拜年，拉了笔者一起去中山公园迎春兜喜神方。哪知一进公园，就碰到印花烟酒税局的一位廖君，他全副骑师装束，好像就要出场赛马。一问究竟，果然廖君新近加入骑师公会，特选定元旦吉日，正式下场举行处女赛。他未经我的同意，就塞给我十张他的马票，笔者虽然爱看赛马，可是无论在平津或是武汉、上海从未买过马票。这次碍于情面，只好花个二十块钱买下来。想不到这场廖君居然跑了个头马，因为他是新人新马知者不多，算是爆出冷门，一张票子可以分到六十多元奖金。元旦岁首，福自天申，意外进财，自然是要请同来各位，于是在汉口大吉春吃了一顿丰盛的春卮。

费海楼是专攻小丑的，平素最爱诙谐，他说您那位朋友太不够意思啦，早知如此，要是事先递个话儿，咱们每人买上十张八张的，岂不皆大欢喜了吗？费君的话虽然是句笑谈，可是笔者确得到了一些启示。一般马迷谈马经，论骑术，讲场地，分里程，个个说得头头是道，其实只要掺杂了人为的因素，一切一切就都不要谈了。

古今画家喜欢画马的不少，唐玄宗时期的韩幹就是最古的画马名家。此外林风眠、刘海粟以及现代的叶醉白各位所画的马，让人看了都有一种天马行空、超然物外的感觉。

依据中国古籍的记载，汉将张飞有一匹马，名"玉追"，又叫"豹月乌"，霸王项羽座下的乌骓，还有唐太宗平刘黑闼所乘的拳毛骊，都是脚程快耐力强而雄健高大的名驹。可是苏格兰奥克尼群岛谢德兰地区，偏偏出产一种最小的马，身高只有四十英寸，这种马的特征是前颚宽广，斜肩塌腰，全身矮胖健壮，四条腿骨劲肌丰，鬃毛尾毛都特别软厚。以往岛民除了用这种马驮载货物外，就是用来作斗马。因为这种马繁殖力不强，当地人渐渐知道爱惜这种小马，大都卖给动物园当宠物和儿童们骑的马了。现在高雄县旗山的花旗山庄动物园就有这样两匹小马，他们说是丹麦进口的，叫它"迷你马"，其实就是英属谢德兰马。中国人从古到今讲究高头大马，我想爱马的朋友，看了这种袖珍型的小马，一定感觉新奇有趣吧！

《易经》有云："马壮，吉也。"孔子说："骥不称其力，称其德也。"都是祯祥的象征。岁次戊午，自助天助，万众一心，马到成功，就应在马年了。

吉 羊

一元肇始，岁次己未，又轮到十二生肖的羊来当令了。古人纪年，别立岁阳岁除，今年己未，照《尔雅》上记载应当是屠维（己）协洽（未），羊在动物中是群策群力最能合群团结的动物。

"羊"就是古"祥"字，古代彝器款识上吉祥多作吉羊，所以从字面上讲，羊年是祥瑞之年。

"鱼雁"是古时候婚礼，男方向女方纳采赘敬，以雁为聘。郑康成谓取其顺阴阳，敖继公说取飞其雁不再偶之意。后来因为雁的来去，是有季节的，并不是随时可得，于是鱼雁之礼改用鹅羊两者来代替。民国初年在北平大街上，还时常见到用大敞车拉着羊糕鹅酒，把白羊白鹅还染了胭脂红，穿街过巷往至亲好友家送，一方面告诉亲友，自己家里的闺女什么时候出阁，收礼的亲友留下的彩礼越多，将来所送奁敬（北平叫"添妆"），自然要丰盛了。至于羊鹅两项，如果舅父、姨母中表姨表之亲，两家生活尚称充裕的话，那就要或留羊或留鹅，甚至鹅羊双留。不过所留鹅羊既不能宰又不能卖，要设法放生。后来世风日薄，讲求实惠，把羊羔美酒改成了衣料首饰，在抗战前一两年，正月初八、十八如果您到白云观"顺星""会神仙"，羊圈鹅栅还有残存老羊老鹅在那儿养老，那就都是这类聘礼送来放生的。

大尾巴羊在我们中国西北，是大众的恩物，衣食两项都离不了大尾巴羊。三教九流不论季节，谁也少不了一件老羊皮袄，西口皮筒子，不但畅销平津华中一带，就是闽粤人士有人宦游西北，也要带几件羊皮筒子回南送人呢！羊皮里老滩羊皮袄，是最平民化的啦，在西北各省，凡是赶火车拉骆驼的，人人有一件肥肥大大的白茬儿皮袄，既不吊布面，也不钉纽扣，用一条布搭膊，往腰里一系。吃的锅盔硬馍，喝的土酒白干（盛酒的小壶叫"瘪子"，又叫"咋壶"）都往怀里一揣。白天是皮袄，晚上当被窝，方便利落，而且实惠。有钱的人讲究穿萝卜丝滩皮，毛头细密而长，质地轻软而暖。毛头最长的有九道弯，有的一整件皮袄，卷紧能塞进粗不盈握的毛竹筒子里，那叫"九道弯竹筒滩皮"，那算西口出产的特级品啦。

西北大草原上，羊肉羊奶是游牧民族主要的饮食。在黄沙无垠的沙漠里，纵马急驰了一整天，又累又饿，从宰好的绵羊身上斫下一条羊腿，搭上调味料架在熊熊火焰上炙烤，等到羊脂温润，肉香四溢，用自己所挂的解手刀，看哪块好就割下来，尽量引吭大啖一番。就是平素不吃羊肉的人，吃起来只觉得红炖炖、油汪汪、香喷喷，肉嫩味厚，也觉不出什么腥膻羊骚味了。醉饱之余，倒上一杯茶砖熬的酽酽羊奶茶，躺在厚厚都噜毡子上，疲劳尽释，不是亲身经历过的人，是体会不出个中滋味的。

羊肉在中国食谱上，虽然没有猪肉来得普遍，可是各有吃法不同罢了！像湖州双林的板羊肉，扬州老伴斋红烂全羊头，苏锡菜的冻羊膏，上海邑庙的羊肉大面，西安的羊肉泡馍，平津的焖烤涮，随便写写就是一大篇，足证羊肉在我们饮食里的普遍程度，仅次于猪肉而已。

谈到吃羊肉，据老一辈的人说，平津一带吃的焖烤涮，都是从张垣来的。口外（北平人称张家口以北为口外）的羊因为风高草肥，虽然膘头足壮，可是多少带点膻味。可是从口外南来，行行去去，从海淀到北平，所有羊群喝的都是玉泉山天下第一泉的脉流，所以羊群一进北平城里就会肥嫩腴润，膻味全无。这种说法虽然不敢全信，可是当年住在天津的寓公阔老要吃涮羊肉，总要让人从北平带去，那倒是不假，而且天津的涮羊肉确实比北平的羊肉要膻一点呢！

羊是最驯顺合群而且能服从的动物，羊群走在街上，领头的必定是一只有犄角的黑色山羊，脖子下面还挂着一只铃铛，羊群自然会跟着头羊款款而行，很少有炸群乱窜的。曾经听回教前辈陈阿訇说："这种黑色有角、高而且大的羊，最初并不是一般山羊，而是'羱羊'。这种羊原产西凉，卓荦耐劳，能远行负重，羊群有一羱羊为首，自然慑服无哗。北平市井人管这种羊叫'领魂羊'，因为带队往来终岁辛勤，到头来可免一死，是羊群中最幸运的了。"

早年北平宰羊，不是送往屠宰场宰杀，而是由羊肉床子请阿訇来，先唪一段《古兰经》而后由阿訇操刀宰杀。屠羊都在清晨，笔者幼年每天清早上学，总要经过一家羊肉床子，木桩上用铁钩挂着无头屠体，地上血渍斑斑羊肉堆在一处，实在惨不忍睹。来到台湾虽也常吃羊肉，可是阿訇唪经屠羊的情景仍有时在脑子里打转，从前是不敢逼视，现在是想看而不可得啦。

北平耍猴儿的除了主角"齐天大圣"之外，也有一狗一羊为配，这种羊也是大尾巴绵羊。耍猴儿的说：绵羊心灵性巧，教玩意儿两三遍就会而且记住就不忘了，山羊可就不灵光啦，教起来费事，而且转眼就忘。另外山羊吃得多费草料，拉得多到处留情随地撒羊粪蛋儿，如果有人叫到深宅大院去耍猴儿，弄得满院子都是羊屎蛋儿岂不大煞风景，所以耍猴儿没有用山羊的道理在此。

新疆督军杨增新，不但善演《易》礼，尤擅子平，更精羊卜。先师阎荫桐夫子说："杨鼎帅久驻天山南北路，得西羌异人传授羊卜，又叫灼占法看休咎，灵验不爽。杨在被刺前一月，曾卜吉凶兆系主位大凶，并且要见血光，谁知杨果然遇刺逝世。"羊卜方法，据说是用干艾绒来烧羊腿骨，炙久骨裂来看裂纹长短、深浅、歪直来判断吉凶祸福的，源出龟筮，不过西域改用羊髀骨而已。当初尧乐博士来台，在新公园露天请客吃羊肉抓饭串羊肉，有位招待人员，是新疆库尔勒人（姓氏已记不清）就对羊卜博解宏拔，得有真传，所谈休咎多数灵验。至于信不信，就由您啦！

猴年来了

时光弹指，一眨眼未去申来，又将轮到猴儿哥值年当令了。笔者幼年时节，对于大的动物喜欢马，小的动物喜欢猴。先伯祖有一对"墨猴"高不足五寸，通体漆黑，脸盘有一圈白线，脸部漆黑，双睛色蓝，大而且亮，平时交给一位名叫"依兰"的书童豢养。它睡的床，到了冬天，就是依兰的一双棉毛窝（北方管棉鞋叫"毛窝"）。

哪一天先文贞公要动笔给人写屏联条幅，依兰准备开始用墨海研墨，就把这对"小可爱"带到书房里来了。书桌上有一只瘿瘤虬结的大笔筒，就是它们栖息之所，它们一听到展纸濡毫的响动，就环绕墨海左右嬉戏，不敢远离，等笔在笔洗子里把墨汁洗净，它们知道字已写完，于是一左一右站在墨海旁边，把残余的墨汁舔得一干二净，昂首皤腹，怡然自得，仿佛吃了一餐盛馔。

笔者幼年每天也要写两张大楷，有时因为时间关系来不及研墨，倒一点一得阁的墨汁在砚台上研两下就写，它们望望然而去之，有时还流露鄙夷不屑的神情。依兰说它们能辨墨性，松烟油烟一嗅而知，一得阁墨汁虽然号称松烟精制，但是杂而不纯，所以它们不屑一顾。事隔多年，偶或濡墨作字，两小顽皮作态神情，还时常在脑海里打转转呢！

"长尾猴"身长一尺多，可是尾巴要比身子长三四倍。越南、美洲都产这种猴子，毛近白色，有浅黑花纹不过不十分显明，最大特征两个鼻孔相距极近。逗它发怒时，龇牙咧嘴鼻孔上翻，咻咻有声，非常滑稽，引人发笑。它因为尾巴特长，所以喜欢用尾巴攀附在藤葛一类软树枝上，让身子倒垂，整天不倦。

据《伐贡萃珍》记载，乾隆时代安南国国王岁时纳贡，有一年进贡来一对尾长五尺的长尾猴，这在安南也是罕见的，后来宫里训练它在建福宫佛前掸尘，钩檐络栱，悬空转侧，能把华鬘璎珞、金檀铜索，拂拭得光洁无尘。在御前当差，还颇得乾隆皇帝的钟爱呢。有位越南华侨朋友，来台北参加十月份庆典，他说越南的来州跟云南哀牢山区接壤地带，有一段峻壁悬泉、绿榕苍松之间最多长尾猴，扶摇蹦跃，毫不怕人。不过尾长最多三尺，至于五尺长尾的猴也极罕见，可能当年视同珍禽异兽才进贡来的。

清代名臣张之洞，传说他平素居息不定，喜欢抓耳挠腮，甚至眠食也没有准时，剃头打辫子都要等他假寐时候才能修剪。他自信是千年灵猴转世，所以他名号"之洞""香涛"都跟猴类有关。当年张厚琬（张香涛子）

告诉笔者说："我家北平白米斜街的寸园里有一头猕猴，不是买来饲养，而是自己来的，平日栖息在重岩叠嶂的假山窟，园里有的是各式各样的果木树任其攀腾采撷，所以它的食粮也不虞匮乏。先文襄公每天都在船厅假寐，这个老猴有时就来坐在文襄公对面，似乎在运气调息，从不惊扰别人。自从文襄公去世，寸园里住的灵猴就从不现身了。"张所说有点近乎神话，但厚琬先生清旷笃实，与猴为伍，也不是什么体面事，所说当不致虚构骗人。

　　笔者旅沪住舍亲李榴孙家，正赶上他家增修宗谱，成立谱局子，从事这项工作的，都是从各地延揽来的饱学之士。其中有一位歙县人郑帆夫，不但文笔清蔚，谈吐也俊迈不群，他世代经营清茶外销，所以他对于选茶方面知识极为广泛。有一天晚上，我们对坐，闲聊谈到茶经，他兴之所至，拿出一具大仅盈握的锡罐，外被锦囊，从罐里抓出一撮茶叶，不足三十片。自己煮水烹茶斟出来的茶色淡绿温淳，味涩微甘，等饮第二杯，才觉得渐入佳味。古人说"啜苦咽甘，香留舌本"八个字，这种茶味，确足当之。他认为黄山三十六峰虽然产茶都有盛名，究竟风高雾重，芳烈欠柔。他家在黄山支脉赤编峰，靠近浙江北黟山麓，有一座茶山，嶵嶪险巇，修柯戛云，在该处培育了近百株茶树。有一年狂风骤雨，岩层崩陷拗卷，变成沧海桑田无路可达，只好放弃采收。后来发现每年春芽，蕴散奇香，芬芳四溢似桂，允称细色奇品，于是仿效采云雾茶方法，训练几只灵猴，猱升巉崖绝壁，每年采擷也不过十数斤而已。这种茶，功能明目化痰，所以全数留为自用，并不外售。饲养的猢狲，有一只叫阿弥的，灵慧出群，据说它还能酿造一种百花果子酒，藏在山上穹石曲坞里。帆夫的祖父曾经尝过这种猴儿酒，据说性柔味淡，每年只能酿成三五升，饮后几天之内都觉得气爽身轻。可惜当年不懂得化验，否则化验出是些什么成分组成，如法炮制，那比什么养命酒、益寿酒，对于人体健康的助益，可能更大呢！

大陆北方入冬以后朔风凛冽，非穿皮袄不能御寒，所以富而有闲人家，讲究按照严寒程度换穿各种各式长短毛皮袄以示炫耀。凡是收藏皮袄名家，一定要有金丝猴皮货，才够得上是玩皮货的行家。金丝猴颈背的毛有一尺多长，金缕闪烁，五色斑斓。除当年鄂督王子春（占元），拿金丝猴皮做了一副套裤，被人称为土包子贻作笑柄，一般人都是拿它来做坐褥，冬天铺在烟榻炕上，转侧不滞，又显得雍容华贵。

据杨子惠将军说："金丝猴生在康定的贡嘎山中，纵跃如风，极难捕捉。有人送过我一对，只吃深山野生蔬果，大概气候饮食不习惯，养了三几月，雌猴不幸亡故，雄猴伉俪情深，也就绝食而死。"

金丝猴因为猎人穷搜滥捕，已经濒临绝

种的边缘，希望保护动物团体，悉力维护，否则金丝猴即将成为历史名词。最近听夏元瑜兄说香港动物园从大陆运来两只金丝猴。他有两张此猴照片，背发斐斐，星眸焜耀，希望能够小心繁殖，金丝猴就不会绝种了。

　　故宫御花园有一座假山，名叫"堆秀"，一些小太监走过御花园时，常看见有一只大型猁狲在丽景轩飞檐鸱吻上晒太阳。据说咸丰年间就有人发现过，迄至慈禧垂帘听政时，曾有口谕不得任便驱扰，听其自由来去，御膳房的时蔬瓜果，时常短少，十之八九是它的杰作。有人曾经看见过它溜出神武门，把偷来的瓜果散给整天坐在北上门台阶上晒太阳、年老无依的告老太监们。慈禧宴驾之后，这只老猴也失了踪迹。李莲英出宫后，有一年到景山绮望楼礼佛，看见一只猴子在黄璧翠瓦之间跳来蹿去，李说他认识就是堆秀山的老猴儿精，因为它的尾巴特粗，准定不会错的。如果属实，此猴当时年龄岂不也近花

545

甲了吗？

　　故友张忠继是研究生物学的，他说猴、猿、猩猩、狒狒，一般人大致可以得出来，至于真正属于猴类的，就多达一百种，不是专家就没法分辨出它们的类别了。他住在武昌时节，家里有座花园，不同品种的猴子养了有四五十只，有的凶猛残暴就关在笼子里喂养，性情温顺的就任便来去。他的令兄在广西靠近十万大山的龙津买了一只"鸵猴"，他不说我们看不出来有什么特别，经他指明猴的手指脚趾非常怪异，都是骈趾，而且蹼质化握力极强。它被训练得能提特制小水桶到井边打水，用水浇花，在食物方面它只吃硬壳果实，不吃谷类，力气虽大，食量却小。

　　非洲博茨瓦纳有一族土人，只有两个脚趾，跟鸵鸟的脚一样，所以叫"鸵鸟人"。生有鸵鸟脚的猴子，于是就被叫作"鸵猴"了。他家前庭有棵盘根虬结的苍松，他们用细铁链系住一只"指猴"，乍一看好像一只巨型松鼠，既名指猴，以为体形必定很小，可是那只指猴足有一尺五六，因为它四肢的指头细长，跟人的手指一样，所以叫"指猴"（是十八世纪孙耨里氏［Sonne Rat］所发现，并给它起了学名，因为字母太多现在记不起来了）。它以树上的蠹虫、各种昆虫蛹卵当食粮，柳树上的天牛更是它食物中珍味，这种异种猴极为少见，所以张教授对它颇为珍视。夏元瑜兄是生物学家，见多识广，对于指猴的来龙去脉，想必知道得更详细呢！

泰国曼谷的鳄鱼潭，除了成千上万的各种鳄鱼外，还附设一所小动物园，园里豢养一对灵猴，不但会穿衣戴帽，还会骑自行车，并且喜欢跟游客握手一同拍照。据说那只公猴，因为常常表演吸香烟，所以烟瘾很大。笔者在园内游览时遇到一位菲籍游客，口含一枝巨型雪茄，烟香馥郁，逗得雄猴烟瘾大作，频频索吸，引起那位菲籍人士的好奇心，于是点燃了一枝雪茄递给它。它好像迫不及待，立刻狂吸几口喷烟吐雾，满脸不亦快哉的表情，非常逗乐。等我们看完鳄鱼表演，再经过猴栏时，它已经僵卧环互的石碴醺然大睡。

据园丁说，此猴每天有十多枝香烟量，如遇连朝风雨，游人稀少，它仿佛百无聊赖，鼻涕眼泪直流，如同瘾君子犯了烟瘾一样难过。它想不到吕宋烟，劲道醇厚猛烈，居然把它醉倒了。从前一位抽鸦片的人，畜一猴，猴子整天在烟榻左右跳跃，日久猴子居然染上鸦片烟瘾，每天它的主人总要让它喷几口烟，否则整天昏昏沉沉打不起精神来。如此说来猴子犯烟瘾确有其事而不是捏造的了。

抗战之前，北平隆福寺庙会有一个专卖西藏青果、红花、油布、藏香的喇嘛，跟一般做生意刁狡油滑的喇嘛，完全不一样。他非常敦厚笃实，是西藏噶达素齐老峰附近札林湖的人，名字叫穆斯塔格。他卖的藏青果就是当地特产，坚涩不濡，后味苦中有甘。

北平一交立冬，家家都要生个煤球炉子取暖，一冬下来有时会口干舌燥、咽喉发紧，如果含上一粒藏青果，拿它当槟榔慢慢咀嚼，喉咙立刻转为轻松气爽。因为我常买他的藏青果，于是变成熟主顾，也就可以随便聊聊啦。

他们西藏是以牛羊肉、青稞为主食的地区，可是他偏偏爱吃蔬菜，他就以北平为家，不想回西藏终老啦。不过他每年回趟西藏办货，一交立秋准定回到北平来，孤家寡人一个，只有一只小猴相依为命，寸步不离。他叫小猴色楞欢，是一位印度朋友从印度带来送给他的，据说产自印度恒河，不知用什么药水洗过之后，猴子就不往大长个。色楞欢平素都躲在穆斯塔格肥大的长袍里，搭膊一系，揣在怀里稳如泰山。主人做生意它就躲在柜上看着货色，看到有不规矩的顾客，它就吱吱乱叫，让它主人注意。

色楞欢只吃干鲜果类，尤其爱吃糖炒栗子，每年桂花飘香，总要买几次糖炒栗子犒劳它。后来听说色楞欢有一天跟同住的一位喇嘛所畜的藏犬嬉戏，被藏犬咬伤，不治而死，它的主人伤心之极，天天给它念解结咒、往生咒超度往生极乐呢！

民国三十五年初到台湾，每天过午衡阳街人行道上摆满了地摊，鼎彝环璧，玉箔金珠，甚至扇拂旄钺，银饰珍玩，无所不有。其中有一蟠木瘿筋雕琢的三猴：一个猴儿手掩双耳，张目哆口，一副非礼勿听的神情；一个猴儿手遮双睛，舌挢不下，活脱非礼勿视的姿态；一个猴儿捂住嘴巴，笑开星眼，宛如非礼勿言的架式。三猴一排箕踞尻坐，雕刻的手法精细，非常传神，索价老台币数万元，我当时还了个价，他没卖。回来游弥坚兄谈起这件事，他说三猴是日本一件国宝，在一座寺院供奉，要去参观还得另外买票。三猴是非礼勿听、勿言、勿视的警世格言，听说日本儿玉总督有一座名匠镂刻的桦木三猴，已有好几百年历史，如果是他的珍藏，几万块钱太值得了。等我们赶去，已然被识货人买去了。近几年来，民间雕刻艺术经有心人大力提倡，渐渐走红，外销极为畅旺。苗栗、通霄、三义一带木雕艺术品中就有这种三猴出售，不过讲姿态、论神情，比我早年在西门町地摊上所看见的三猴可就差得太多了。

北伐告终，荆有岩兄奉派为河北省财政特派员，他有哮喘宿疾，入冬必犯，听夕踞坐，不能眠食，至为痛苦。特派员公署有一位科长韩昌寿，是广西百色人，他的先世是十万大山一带有名猎户，他家收藏了若干蛇胆粉跟猴枣干，猴枣是跟牛黄、狗宝一类东西，而是生在猴类身上的。据说猴枣生在猴的颊嗛左右，用来泡酒饮用，哮喘可以永不再犯。韩君知荆特派员有哮喘痼疾，送了他一瓶猴枣酒，经服用之后，经历三冬都未喘过。不过真的猴枣极为难得，所以这个治喘偏方，知道的不多罢了。

记得北平西便门外白云观东山门圆拱石楹上刻着一只石猴，大小二寸有余不足三寸，不知是观里老道催香火造的谣，还是香客起的哄，愣说那只石猴能治百病，凡是哪个地方有病痛，就去摸石猴的某一部位，病就会不药而愈。所以每年正月庙会，许愿烧香的善男信女，在人山人海挤进东山门时候，自己或家人有病痛，都要在石猴身上摸一把，你摸我也摸，把个石猴摸得又黑又亮。

余自幼好啖，在友侪中素有馋人之称，但对于敲碎天灵生啜猴脑那种残酷餐享，从不敢近。胜利还都，皖人经营的中孚银行，被人诬为敌伪时期附逆，后经皖省耆宿吴礼老、许静老奔走关说，真相大白，继续经营。中孚银行经理孙锡三在南京假周贻春府上，洁治杯酌，以酬二老之劳。有一道菜盘钉墨黑，尝其味四围配有发菜、乌参、羊肚菌，中有四只疖黯黧黑、其大如拳的菜头，腴润柔滑，始终辨不出是什么东西来。后经锡三兄说出这就是世所艳称的猴头菌，是当年寿州相国（孙家鼐）在世时，人家馈送的，一直用绵纸密封放在瓷坛里四面用石灰块塞严，所以经过几十年既没虫蛀，也未霉变。所幸用温水一发，就回软膨胀。大家得尝异味，都非常高兴，比起生啖猴脑恐怕要心安理得，适口充肠多了。

友人李云伯，生长在贵州，是研究人类学的，他对于西南云贵川粤苗瑶彝壮的风土习俗知道得极为清楚。有一年他到连山八排瑶聚居的地区调查山产情形，他随身携带一个准备吸烟用的新式打火机，燃烟时被排瑶的头目看见，认为是神物，随时来火，方便之极，把玩之下，不忍释手。他们排瑶取火本极困难，就把那个打火机送给那头目了。哪知当晚头目用舞火晚餐招待，在筵前燃起一块熊熊烈火，青年男女，围着火焰轻歌曼舞，族人吹笙羯鼓助兴。宴客主菜是像牛肉干的一大盘东西，放在正中，吃到嘴里肉颇腴嫩，幽椒配盐，气味芳烈。主人随吃随把肉块掷向火堆，大家争相攫食，云伯食之而甘，饭后方知所吃叫"猕猴鲊"，是排瑶族欢迎贵宾的珍食了。

这种猴动物学称之为"猕猴"，当地土人叫它"沐猴"，赤红脸、臀疣突出，川广山中都有出产。因为它性暴易怒，无法驯服给人执役，所以排瑶族捕获这种猕猴，就拿来做"猕猴鲊"。这是他第一次吃猴子肉，事后想起来，胃里还有点翻翻地不太舒服呢！

笔者旅居鲲南多年，又不时跟乡民打交道，才知道台南县六脚乡与柳营间的王爷、大丘、山仔脚、尖山埤、鲍仔园一带山地都产土猴，每年中秋之前，是土猴盛产时期。有些嘴馋的朋友，这个时候到六脚乡一带卖山产的小酒馆，沽饮几杯，碰巧了就能清炒红烧一快朵颐了。据说吃猴儿肉喝啤酒别有风味，笔者虽然素有好啖之名，可是对于找一些稀奇古怪的兽肉来大嚼一顿，总觉得心中怛兮，食难甘味呢！

　　前两天有位朋友从罗东来，告诉笔者说前月九号下午他的乡友简君骑着摩托车从东澳返罗东，在南澳乡苏花公路上，发现罕见的奇景，有近百只大小野猴，成群结队在路旁跟跄跳荡，有的纠缠打斗，有的在树上摘果乱抛。简君一时好奇心起，想不到群猴野性难驯，于是停车熄火，跨下摩托车打算看个究竟，同时在地上捡了一块石子，向猴群掷去。哪晓得石子一掷，路旁小猴吱吱乱叫狂奔而逃，树上猢狲分枝拂叶，纵审潜踪。简君正觉好玩得意，不料有二十多只老猴，悍目嘶吼，蛇进而前，大有跟他拼斗之势，吓得他战慄失色，举足而奔。他这一跑，群猴高声噭噪，穷追不舍，有些狡黠的老猴，居然猱升树杪，居高临下攀枝投石，让简君上下势难兼顾。正在危急慌惑千钧一发之际，忽然驰来一辆载运砂石的大卡车，卡车司机一面开车猛冲猴群，一面狂揿喇叭以壮声势，群猴知力不敌，才相将呼啸四逸。简君此刻已吓得手足瘫痪，不能举步，幸赖卡车上人，将人连车带回罗东，再也不敢在苏花公路南澳地段独自驰车了。

据罗东老一辈人说："在乙未、丁未两年初冬，苏花公路都发现过猴群。"大概是猴年将到，它们特地出来显显威风的吧！

一九八〇年岁次庚申，"中央印制厂"所印月历首页印的是郎世宁画的枫叶白猴，此画违别多年，今又重晤，令我想起了这幅画的一桩小故事。内廷旧例，每年农历六月初六首先晾经，事先由内务府开列本年拟晾经卷清单、字画清单，一并呈奉御览核定，指派晾经大员就在丽景轩或盛福宫晾经晒字画了。每次晾经十部到二十部，看经卷部头而定，字画则规定为五十件。迄至民初，仍循旧例办理。某年所晒字画里就有这幅郎世宁所绘枫叶白猿，当时指派晾字画大臣中，有一位看中了这幅工笔画，请求赏赐，幸亏内

务府大臣耆寿民解围说，猿猴同种，此帧早
经列为十二应真宝笈，未便抽出赏人，才获
庋存到今。

金鸡一唱万家春

日月递嬗，岁序更新，抓耳挠腮。犹豫多变的猴年，总算历尽艰辛，安然挨过，岁次辛酉，又到了昴日星官值年当令了。

鸡是大嗓门，直往直来，有什么说什么，心里不打为鬼为蜮的狗杂碎，所以说雄鸡一鸣天下白。

当年在大陆，好久好久以前，就听说岭南、闽西都有斗鸡的游戏，可是始终未见过是怎样斗法。来台湾后有一年到斗六镇公干，在市场边一个小饭馆吃午饭，店里的伙计们正谈论饭后去看斗鸡。我一打听，在市场后边有一古厝，下午三点有两场斗鸡。斗鸡本不犯法，可是双方鸡主跟观战的以大量金钱赌输赢，警方就要取缔了。

斗场约有五坪大小，四周用三合板围起来，双方各把自己的雄鸡放在场上展示一番。双方说好条件，把鸡放入斗场，两只斗鸡立刻挺冠振翼，矫悍狠鸷，有的绕场一匝，才你啮我啄互相拼斗纠缠起来，三五回合羽折蹠蹶，败者垂头疾走，胜者引颈高歌，算是一场激战结束。因为搏斗火炽猛烈，比看斗蛐蛐趣味又自不同。有位观战老先生说："中国盛唐时期，就有斗鸡之戏。开元时明皇对于斗鸡极感兴趣，设立鸡坊，精选名种，派专人饲养教练，春秋佳日常以观赏斗鸡为乐。最多时名禽异种多达五千余只，个个都是金毫铁距，高冠昂尾。至于闽粤以及南洋一带，斗鸡之风还是从唐代辗转留传下来的呢！"

泰国斗鸡之风很盛，斗鸡台的布置跟拳击台一样考究，比赛双方要把自己的鸡当众过磅，属于同一级重量，方准下场搏斗。鸡喙是经过相当磨炼的，其利如钩，被它啄上一口，立刻皮破血流。在足距上都绑有锋利无比的钢刃，厮杀起来，不到一方落荒而逃，战斗是不会中止的。这种斗鸡，食量很大，据说泰国斗鸡来自老挝，一双雄健斗鸡，要比一般肉鸡贵上几十倍，经过特别调教饲养，虽然所费不赀，可是也能给主人带来无穷的财富呢！

北京的乡风，喜事的份子最轻，丧事份子略重，到了添丁进口份子就比较重了。据说是元代入主中原，就希望枝繁叶茂，所以份子特别从丰，产妇坐褥期间，亲友除了致送小米、缸烙、鸡蛋、红糖之外，还要送一只九斤黄的老母鸡给产妇进补。所谓九斤黄，虽然没有九斤重，可都是乡间自由放在外间饲养的，吃杂粮青虫长大，足够得上健强肥硕，比现在变种的土鸡要壮实多了。煨鸡汤要先把鸡头去掉，说是可以祛风邪。煨出来的汤，上面一层鸡油足有铜钱那么厚，要把鸡油撇清，才能给产妇喝，否则补得太厉害，产妇满月就变成痴肥。九斤黄这个名词，虽然还有人说，可是九斤黄的鸡可好久没见过了。

北洋时期黑龙江督军孟恩远，最爱饲养奇禽异兽，他在卜魁督军公署盖了一座小型动物园，园里饲养了一对猛虎，所以取名虥园。他在绥芬河打猎，无意中得到一对"矮脚雪鸡"，冠琇似玉，羽白胜雪，两脚长仅盈寸，绒毛毪毪，藏头缩尾时，浑如一团毛球。据说，其暖比火枣，年老气衰者和人参煨煮食之，严冬手足不冷。经他悉心喂养，居然繁殖到二三十只。他还养有两对长脚鸡，高达三尺，跗跖粗壮，金距健胫，腾踔躞蹀，有如冲天摄虚。孟恩远离任时将之送给北宁路局局长常萨棘饲养，常的族叔患有软脚病，有人告诉他用附子、干姜煨长脚鸡吃可以治愈，常的族叔吃了四只长脚鸡之后，果然扶杖而行。可是长脚鸡是鸡的异种，可遇而不可求，从此再没听说何处有长脚鸡出现，大概绝了种啦！

去年高雄屏东地带很盛行吃珍珠鸡，记得早年三贝子花园养有几只珍珠鸡，头部有点像火鸡，灰毛白点，有类披了一件珍珠衫，整天缩头蜷足，异常驯顺可爱，想不到老饕们脑筋动到它的头上来了。听老饕们谈，冬天吃烧酒鸡，鸡最好用珍珠鸡，酒用米酒头，不但肉嫩味厚，有类塞上驼蹄，而且温补暖冬，胜过香肉。可惜我虽好啖，可是稀奇古怪，很少入口，所以到现在还未一尝美味。

屏东长治乡住有一位屏东农专畜牧系毕业的彭君，在来亨、芦花、洛岛红几种洋鸡在台湾推广的时候，因为屏东气候干燥，加上他饲养得法，很发了点儿小财。他鉴于珍珠鸡看好，于是大量繁殖珍珠雏鸡。有位印尼友人送了他一长尾鸡，他开始饲养时尾长不过两尺，后来鸡越长越大，尾巴越长越长，足有五尺以上，平地已经不便行走，于是他给它们做了几座枯枝榉木的丁字架，地上铺满细沙土，并搭了一座峰峦森耸、崖岫嵯峨的假山，以供栖息。不到两年，他的金鸡园里的长尾鸡多达四五十只，每当天气澄和，只只长尾鸡兀立丁字架剔翎展翅，回舞追逐，比起孔雀开屏的斐铧奂烂，也未遑多让呢！

先祖母当年在广州时，有位名医丁中和给了一个秘方：母鸡一只去头，用高粱酒八两，加枸杞子一两，稍加姜、葱去腥，炖汤饮，常吃可治冬季手足冰冷。笔者幼年常侍先祖母就餐，桌上时常有这味鸡酒，浆露湛美，青辛宜人。后来广东酒家，也有用鸡酒号召食客的，可是哜嗷其味，淡而无味，跟我家的鸡酒，就完全两样了。

最近营养专家们根据营养分析发现，牛肉、猪肉、鸡肉三种肉类的蛋白质相同，但是脂肪含量，却大有差异。一两瘦猪肉热量有一万四千卡路里，五花肉高达两万卡路里，牛肉的卡路里虽然比猪肉稍低，但也少得有限，而一两鸡肉只有五千卡路里，仅及猪肉三分之一，甚至四分之一。如果选择肉类食用的话，应当多吃鸡肉。舍下家传有一道菜，芹菜（旧名楚葵）烧子鸡，把水芹掐去叶子，切二寸段，子鸡红烧八成熟下芹菜同烧，腴而能爽，瑟勃微甘，是一道宜饭宜酒的美肴。当年北平四大名医中的萧龙友、孔伯华对这道菜都极为赞赏。他们认为老人无论胖瘦，均忌肥浓，可是终日素食，又虑营养不足，芹菜功能却烦热，宜与卡路里低、蛋白质低的子鸡同煮，是老年食补的无上妙品。台湾水芹肥硕，大家不妨用它炖一只鸡来尝尝。

吴佩孚号将胡笠僧（景翼）本来好啖，食量又大。自从吴佩孚发觉他有二心，把他软禁斗室，天天给他猪油拌饭吃后，虽经释出已变痴肥。有一次北平商会会长王文典请他在"济南春"吃饭，有一道菜是纸包鸡，胡吃东西一向狼吞虎咽，他毫不犹豫连纸带鸡吃下肚去。一些陪客看主客如此吃法，谁也不敢打开纸包，只好囫囵吞下。后来济南春恐怕再有鲁莽吃客，于是把鸡炸好再用米纸包好上桌，宾主省事，皆大欢喜，这也是一桩吃鸡的趣闻。

最近，无论南北口味的饭馆都有一道菜叫三杯鸡，有人说是福州菜，有人说是河南菜，其实这道菜地地道道是光绪丙子恩科状元曹鸿勋研究出来奉养怡亲的。曹是山东潍县人，这道菜当然要算是山东菜了。

鸡包翅是舍下庖人刘文彬一道拿手菜。他这道菜是选用肥硕的老母鸡来去骨，土鸡的皮比现在洋种鸡柔韧厚润，所以拆骨时，稍微懂得点技巧，就能把鸡翅膀鸡腿完完整整地褪下来。排翅太长不容易塞实，最好是用小荷包翅。鱼翅先用鲍鱼、火腿、干贝煨烂，再塞入鸡肚子里，用细海带丝缝好，免得漏汁减味，另加去过油的鸡汤，用文火清炖，约一小时用圆瓷盘子盛好上桌。恍如一轮大月，润气蒸煮，清醇味正，腴不腻人。

当年江苏名宿韩紫石先生吃了这道菜，认为既好看又好吃，如果仍然叫它"鸡包翅"未免愧对佳肴，此菜登席荐餐，有如瓯捧素魄，不如叫它"千里婵娟"吧！这道菜经韩紫老品评后，在苏北很出过几年风头呢。

江南老画师陈半丁先工翎毛，后擅花卉，他说画鸡难，画峨冠金距的雄鸡的正面更难。鸡的冠首狭窄，走笔一不小心就把冠、眼、喙三者画得混淆不清了。画鸡，雄鸡须得其神，雌者要状其爱，幼雏应画其姿。梅兰芳学画，山水、人物、翎毛、花卉各有师承，画鸡是经过陈半丁细心指点的。罗瘿公、黄秋岳两人认为，找兰芳画画，工笔的文殊像、写意的无量寿佛都不难求，可是请他画一幅工笔的鸡，可就不一定如斯响应了。

民国八年仲冬，袁寒云应张謇之邀赴南通彩爨几天，先跟小荣祥演了一出《折柳》，又跟欧阳予倩合演《审头》《佳期》。梅兰芳新排《洛神》，张季直认为如果让寒云饰曹子建，那简直是绝配，可是他怕碰袁二公子的钉子，于是托由兰芳亲自悬商。寒云一向自视甚高，认为才华足与曹子建相埒，又尝自比陈思王，但是他为了沈寿事，很代沈寿的丈夫余冰人不平。他认为兰芳演《洛神》请他饰演曹子建，绝非出自兰芳本意，幕后定有主使人，所以托词即将北上加以婉拒。兰芳人极温厚，后来知道了内情，自动画了一幅工笔条幅《竹鸡》送给寒云，这幅画不但是兰芳精心之作，而且所用朱砂、石青、石绿都是得自内廷的御用极品。寒云得到这幅《竹鸡》，特地作了一首七绝题在画上："行思画重宣和谱，千载梅家又见君；雄汉雌秦超象外，漫持翠帚拂青云。"并且加注："宣和画谱：梅行思画鸡最工，号为梅家鸡。"跋后又盖上他最心爱一方"佛弟子袁克文一心供养"佛印，列入珍藏。今年欣逢昴日星君值年，所以特地把这段故事写出来。

　　笔者在中国去过的省份也不算少，除了

北京二闸东边有个太阳宫供奉太阳跟昴日星君外，恐怕再也找不到供奉昴日星君的庙宇了。二月初二是昴日星君诞辰，太阳宫开庙会一天，东南城仕女都去烧香顶礼，一时履舄交错，弦管嘈杂，比一般庙会还要热闹。据老人们说，凡是二月初二到太阳宫进过香，可以保佑眼不花耳不聋一直到老。

　　香客进香除了自备香烛外，还要买一份太阳糕去上供。这种太阳糕，糕饼点心铺都不承应，是蒸锅铺独家生意。太阳糕五块一叠，每块约有银圆大小，一咬一掉面儿，微带甜味。最妙的是每一丛太阳糕，插一竹签子，顶上捏着一个五彩缤纷的大公鸡，有的手艺高明，捏出来的雄鸡神采飞扬、栩栩如生。等到撤供回家，把太阳糕用水稀释，给老年人当糕干吃，说是可以明目。至于竹签上顾盼晔然的雄鸡，则插在墙缝或是窗户台上，说是雄鸡坐镇，百毒不侵。虽然是农业社会的迷信，现在回想起来，倒也其味无穷呢！

今年是酉鸡当令，美容大师早就在鸡形脸谱上动脑筋啦。他们把娇艳的色彩涂在下眼部位，从眼角由浓而淡画到眼尾，并且向上微翘，化妆成一双单眼皮神秘凤眼，说是鸡年东方魅力脸谱。服装设计师又把胸针、项链、发饰都加上斋采夺目的羽饰来点缀鸡年。前天笔者在国宾饭店一处酒会里，看见一位秀逸无伦的闺秀，身御豹皮外氅，豹皮手笼，头戴一顶豹皮帽子，脑后插着一对一尺多长白色斑斓的雉尾，文金高髻，翛然出尘，异常别致惹眼。

古人说雄鸡一鸣天下白，鸡是不屈不挠、发愤图强的象征，希望风雨如晦，鸡鸣不已，岁次重光，我们大家都能有一番新精神新气象。

谈谈故乡的年俗

当年在北平过年，是一件重大的事情，一进腊月门，大家就忙活起来了。北平有一首民谣："送信的腊八粥，要命的关东糖，救命的煮饽饽。"就是说，一吃腊月初八熬的腊八粥，就告诉您年尽岁逼啦。腊月二十三祭灶王，吃了关东糖，账单子就陆续而来，您准备还账吧。一直到三十儿晚上放了鞭炮敬神祭祖，嘴里吃上热气腾腾的煮饽饽，账主子说声恭喜，不再要账，救命王菩萨，年关又算是闯过去了。这几句话虽然很普通，可是把过年的情景形容得淋漓尽致。

在腊八之前，有钱的人家，早把新衣

服做好了，无论男女老幼都准备一双新鞋，三十晚上穿上，说是可以踩小人的嘴，免得胡说八道。

腊八一过，首先要准备敬神佛祭祖先的供品，订香斗、子午香祭天，大双包、小双包（香名）敬神，藏香、檀香、芸香祭祖。还要在香蜡铺请好全份神祃①。天地桌要排五碗蜜供、一堂福字苹果。祖宗龛前不供蜜供，换上龙眼、荔枝、红枣、板栗、莲子五色干果。每一盘供品都要插上供花，另外还得有一盘桂花金银年糕，一棵松柏长青松树，树上挂满金银小钱小元宝，树根用蒸熟的糯米饭铺平，上面布满了染色的花生、莲子、红枣、板栗，叫作摇钱树聚宝盆。讲究人家还要在桌上摆两盆水仙，两旁摆几株迎春、腊梅、山茶、碧桃。鲜花的冷香，跟藏香的瑞

---

① 神祃，又称"神马""甲马""神符"等，是一种印有神仙形象的木刻版画。

香一糅合，真是玉炬金英、雍容渊穆，真有过年的味儿。

正月里人来客往，老规矩不作兴让拜年的空着嘴走，总要准备几样酒菜，什么酥鱼、酱肚、油爆虾、豆豉鱼、虎皮冻儿。有人过年茹素，还要有点素净菜，什么什香菜、罗汉斋、嘟噜面筋、蓑衣萝卜、芥末堆儿呀，再有素馅儿、荤馅儿两种饺子，喜欢白干来四两二锅头，爱喝黄的烫两斤花雕，也就足够宾主尽欢的了。

除夕这餐晚饭南方叫"团年饭"，北方叫"团圆饭"。无论哪一省，对这顿饭都非常重视的，同时吃这顿饭忌讳也最多：

第一，家中不论有多少男丁女口，不管当晚在家还是不在家，他的那份匙箸一定要依照生次安放齐全，不能短少一份。

第二，当晚不能用汤泡饭，据说如果用汤泡了饭，出门一定碰上下雨。

第三，在饭桌上无论是大人小孩，都只

准说吉祥话。为了怕小孩子不懂事，口没遮拦，随便乱说不吉利的话，普通有两个方法化解：用红纸写童言无忌、万事如意的春条贴在墙上是一个办法；再不然用解手纸，在小孩嘴上擦一下，表示小孩儿说话等于放屁，就不会犯忌啦。

吃完团圆饭，庭院到处都是灯明火旺，院子撒满了芝麻秸儿、松木枝儿，人一走到上面吱喳乱响，名为"踩岁"（"碎"字借音）。其实家家开门敞户，是等小叫化子送财神来呢，可是又怕小偷乘虚而入，撒上芝麻秸儿，就不怕小偷儿啦。

过年嘛，家里总要买点零食，什么西瓜子、葵花子、倭瓜子、糖炒栗子、大花生，再来两斤糙细杂拌儿。老人玩的是摸索儿、打什胡；小孩们玩吊猴儿、赶老羊、七添八拿九端锅、接龙、顶牛儿或是打天九。再不然玩升官图、掷文武状元筹。一般规矩人家都是拿铁蚕豆当赌本，可就是不许动真输赢，跟现在的孩子比起来，真是有天渊之别了。

北方人过年讲究吃五天饺子，五天之内不动煎炒烹炸，只能熬煮，不准生米下锅。正月初一吃的饺子并且是素馅，据说除夕一交子时就算初一，诸神下界，考核人间善恶。神仙一看这家持斋茹素，必定是积善之家，所以那一天大家都不敢动荤，才能上邀天佑。

在南方正月初五是财神日，北方正月初二就祭财神了。祭完财神全家要捧元宝，卜卜自己的财气。所谓元宝，就是用金银钱或者小银角子一只包在饺子里，大家来吃，谁吃出来，那一年谁就财运亨通。早先从元旦起大家就外出拜年，交往多的人家，拜年要拜到十八落灯，都不算失礼。可是正月初二一定要在家里吃过元宝，才出去呢。

北方还有一个规矩，古板人家正月初一到初五要忌门。所有妇女都不在初五以前到人家家拜年，有些南方妇女不懂这个规矩，到人家家拜年，一律挡驾。到了初六家家要接姑奶奶回家团聚，这跟台湾初二女儿回娘家、姑爷来拜年，情理是一样的。

正月初八要到西郊白云观顺星，先到星宿堂对值年星宿、本命星宿分别顶礼焚香。到了晚上星斗出齐，如果有亲友在家，等亲友走后，自己家里人全都到齐，然后在院里，用黄表纸裁成小纸块，包上铜钱，蘸满香油，一共一百零八盏，放在不怕火的大托盘里，一律点灯焚香叩头，叫作祭星，祈求一年的顺当。

北方对于元宵节是非常重视的，十三叫"上灯"，十四叫"试灯"，十五叫"上元灯"，十六叫"残灯"，十七叫"落灯"。古人说火树银花上元灯，烟火鞭炮自然是灯节必有的点缀。既然是灯节，当然是以花灯为主：各大商号细笔彩绘的大纱灯，瑞蚨祥绸缎庄整本的《唐僧取经》，兰华斋饽饽铺的《三国演义》，谦祥益皮货庄的《七侠五义》，泰昌匹头庄的《红楼梦》，都是极能吸引游客，驰名九城的。至于后门大街的冰灯，西华门北河沿火神庙庙门口泥塑的火判，这些都是只此一家，独门玩意儿。

过元宵一定要吃元宵，北方都把馅儿沾上糯米粉放在簸箩里摇，跟江浙一带用手包不一样，而且馅儿只有枣泥、豆沙、山楂、桂花几种，顶多有加奶油的。南方人有的爱吃菜肉、全肉元宵的，您要是在北平想吃咸元宵，那就只有自己动手来包啦。

一到正月十八年算是正式过完，大人小孩就都收收心，一年之计在于春，该干什么就规规矩矩干吧。

闲话北平年景

在早年农业时代，每年一交腊月就该忙过年啦。北京有句谚语说："过了腊八就是年。"又说："送信的腊八粥，要命的关东糖。"总而言之，各行各业喝腊八粥，就要清厘人欠欠人的新旧账目了。

熬腊八粥

自古流传，腊月初八那一天是佛教始祖释迦牟尼证道的佛日。佛门弟子用豆、果、黍米熬粥供佛，就是喝了佛粥，可以上邀佛祖庇佑。中国民间喝腊八粥，始于汉武帝时期。到了盛唐，腊月初八称为腊八节，过腊八啜粥的风气曾盛极一时。清朝康（熙）乾（隆）时期，天下承平已久，除了熬腊八粥供佛外，乾隆踵事增华，把熬腊八粥视为一个大典，每年都要指派近支王公大臣，在雍和宫监视熬粥，供佛之余，分送皇帝及各宫后妃去吃，名曰"尚膳"；并且要颁赐近支王公臣僚。说是吃了这种腊八粥，一年之内可以逢凶化吉，遇难呈祥。

熬制腊八粥的习俗，大江南北、黄河沿河各省好像都很普遍。不过北平许多够资格戴红顶子的官宦人家，因为要把自己熬的腊八粥进供内廷，谁也不敢马虎。拿我喝过最考究的腊八粥粥料来说，共有糯米、小米、高粱米、黍米、薏米、玉米楂、大麦仁、红豆等八种。其中薏米要挑去中间米糠，红豆要洗成豆沙。粥里用的粥果，除了干百合、干莲子可以混入锅内同煮外，其他六种粥果，榛瓤、松子、杏仁、核桃、栗子去壳退翳、枣子除核，可跟红糖另放，喝粥时自取。熬粥的水要一次放足，不能再加。枣子剥下的枣皮用水煮开将豆沙稀释搅匀，如果放得多少适当，则粥呈深藕粉色，啜喝起来，色香俱佳，方算腊八粥的上乘。

购买年货

过年应买的东西很多，但也不外是过年应用吃食物品、鞋帽衣饰等。谈到过年吃食，以北平来说，各商号铺户最早的虽然正月初六就开市大吉，可是所卖都是隔年宿货；总要过了灯节，才进新货正式做买卖呢！大饭庄子过完年开市最晚，有的要到正月底才开座。一则因为炉灶用了一整年要好好整修一番；二则灶上红白案子师傅，只有过年歇官工，纷纷回原籍过年，所以不能太早开座。至于过年不休息照常营业的叫"连市买卖"，那是少之又少了。照以上情形来看，手头宽裕的人家，预先准备个半月二十天食品的，视为理所当然。这笔费用，可就相当可观了。

至于衣着方面，一家男女老少过新年，换新鞋是不可少的。北平老妈妈有句老话，说过年穿新鞋踩小人，免得人在背后嚼舌根子。过年换新衣戴新帽，只是小孩而已。至于大人们，北方民情相当朴实，衣服的款式，几年也不会变样，不像现在忽长忽短、时肥时瘦，年年花样翻新。除了豪门巨富闺秀，要做几件新衣服夸耀一番外，一般人家妇女，都有所谓家常穿的衣服和做客穿的衣服，把放在箱子里的做客衣服拿出来穿，再买几朵绒花戴在头上，也就可以对付着过年啦。

擦拭祭器请香烛

中国人过年，最重要的一件事是酬神祭祖。早年每个家庭大都信奉佛教，一年四季受佛祖庇佑，年终岁暮，自然要仰答天麻，并为来年祈福。过年是一年中最大的节日，平日家人寄食四方，你东我西，到了岁末除夕总要赶回家来阖家团聚，此时慎终追远告祭先灵是最恰当了。北平中等家庭都有几堂祭器，这种祭器都是广锡制造，底下是水碗（取其温暖菜肴不凉），盖做成鱼质龙纹，鸡群凤饰专供祭祀之用，每年只用一次，至于供干鲜果品的罍卤樽瓯，都要洗拭干净。

敬天祭祖自然少不了香烛，平素不烧香的人家，过年也要多烧几炷香，多数由除夕起到十七日送神止，共烧十八天。除夕说是诸神下界，访察人间善恶，所以除夕还要另外点一座通宵香斗。北平各大香烛铺全能订做，斗高四尺多，每节要用金银彩纸打箍，斗盘分成若干小格，里面放的都是青精玉芝馥郁秘醇的香料。香斗从除夕子正点燃，要到元旦午正烧完，才算真材实料。天地桌前的香长可逾丈，粗过拇指的子午香，一支接一支，要点到正月初八顺星、撤供桌，才能中止。祖宗神主喜容前一支麝脐兰薰的藏香，更增加了除夕祭祖时庄严肃穆的气氛。此外大双包小双包的各种蜡烛，百速锭五封装十封装的还有散把儿香若干包，大约酬神祭祖才能够用。除了藏香要特地跑一趟白塔寺或雍和宫，跟庙里喇嘛购买外，这些香烛要在祭灶以前跟香蜡铺定妥。否则临时现买，香不干、蜡不固，岂不大煞风景；甚至一年之内，遇事都不会顺心如意的。

扫 房

从前过年扫房也是一件大事。早先老年人避忌太多，过了腊月二十就不准扫房啦，那一天是土王用事，也不能动土啦。所以哪一天扫房，要先翻翻《玉匣记》，官宦人家都有一本《玉匣记》，可以自己选择适当的黄道吉日去扫。有些小户人家自己没有《玉匣记》，或者不认识字，那就要麻烦一下附近的油盐店了。无论哪家油盐店都有一本《玉匣记》，好像店里还有一位专管《玉匣记》的同人，凡是左邻右舍来请他选择吉日，他能毫不犹豫照书上原文背诵如流，选个诸事大吉的好日子。现在《玉匣记》这本书，已经没人知道，扫房吉日请教油盐店，可能更是大家闻所未闻了。

北京为过年清洁大扫除，不要别人来检查，自己做得就非常彻底。首先要把墙上挂的字画房镜，拿到院里拂拭干净。桌几橱柜放的古董文玩，以及一般使用器皿物件，一律拿到院里该洗的洗，该擦的擦。把整个屋子腾空，一方面用长把鸡毛笤帚扫房掸尘，一方面用锯末子（北京称木屑为锯末子）和水，搜（读如“守”）了一遍又一遍，把地扫得一尘不染（北京都是方砖地，很少用地板的）。再把琉璃门窗隔扇，擦得光可鉴人。然后搬出屋外的物件再一一放回原处，才算大功告成。北地冬寒凛冽，滴水成冰，就是用滚水来洗刷，一会儿工夫手指头仍然冻得红肿生疼。现在虽然事隔若干年，想起过去北京扫房的滋味，仍觉不寒而栗。

封 印

在清代各衙门的公务人员，既无星期例假，又无排日轮休，终岁辛勤。到了腊月二十以后，无论大小衙门，都要封印停止办公，大家才能稍安喘息。在封印期间，有早经用空白公文加盖"预留公文"小木戳，遇有十万火急刻不容缓的要件，由有司禀承堂官后，可以权宜行事；等开印后，再补办公文。大小衙门封印日期，整齐划一，开印日期一律定为正月二十。繁忙的机关，过了初五，正月初六虽不开印，遇上紧急要公也自然要先行处理。有些闲散的冷衙门，虽然说是正月二十日正式开印，可是懒懒散散不把正月过完，好像办公还不能恢复正常呢！封印开印都要香烛供奉，磕头如仪，燃放鞭炮，以示尊重国家典制。

各衙门的大印，都是官篆直纽，放在木装印匣里，封印时要用一块杏黄或土黄色布，把印匣包起来，打上印结。从前当监印官的人，必须会打印结。所谓印结，系的时候，有一种特别技巧，看着印结是系得牢牢的，可是开印时用单手一抖，印结立开，既不准打死扣，更不准用两手来解。从前官场迷信说，印结系死扣，不但衙门上下容易发生龃龉，对外行文更多阻碍。新正开印，如果监印官抖得漂亮，一揪就开，拿户部比较阔的衙门来说，堂官送个十两二十两茶敬是很平常的呢！

笔者服务公职的时候，有一次转勤交卸，给我监印的是位女性监印官，印结一抖而开，手法非常干净利落。我曾经问过她，何以会这种老古董手法。她说，她的父亲当年在浙江布政司衙门监印，她耳濡目染，自然而然就学会了。可惜当时事忙，没能向她仔细请教，这种巧妙手法，现在可能已经没人会系啦。

买爆竹请蜜供

中国人无论南北各省没有不喜欢放爆竹的，到了过年，正是普天同庆的好日子，更要大放特放一阵子。除夕祭祖，子正迎灶接神，元旦出行，这三挂长鞭，是必不可少的，而且越长越表示人财两旺。冀察政务委员会时期，萧振瀛是炙手可热的人物，据说民国二十三年元旦出行，他在北兵马司住宅放了一挂三十万头特制长鞭，足足放了半小时，把胡同里交通都断绝了。普通最长的鞭是足十万头，三十万头鞭自然是特制品啦。过年北平除了东四、西单、鼓楼前，设有临时卖花炮的大摊子外，零整批发鞭炮的反而是各大茶叶铺。茶叶跟鞭炮根本扯不上关系，何以茶叶铺发售鞭炮呢？笔者曾经问过若干老前辈，谁也说不出所以然来，现在恐怕更没有人知道啦。

北平的花炮除了当地花炮作坊自制，近处来源是河北省的束鹿，远则湖南浏阳，广东琼州、雷州、三水。带响的花炮，有双响、天地炮、二踢脚、炮打灯、八角子、连升三级、平地一声雷、炮打襄阳城等；不带响的有太平花、花盆、葡萄架、大金钱、小金钱等。小孩拿在手上放的，有地老鼠、滴滴金、黄烟、洋花等。最巧妙的是花盒子，层数越多，盒子越大，价钱也最贵。当年城南游艺园元宵节必定放一次烟火花盒子，以娱嘉宾。最大的盒子圆径有七八尺，高两尺有余。所有火彩都折叠好，一层一层放在盒子里，放起来万斛繁星，云烟万状。跟现在联勤制造的高空烟火，巧心妙手，可以说各有千秋。

蜜供也是北平过年必不可少的点缀，天地桌、佛前、灶神前都是必不可少的，除了灶王供只有三座而且比较矮小点外，其余都是长近两尺、五座算一堂的大蜜供。过年处处都要花钱，这三堂蜜供，当然所费不赀。一般有计划的家庭，可以先到饽饽铺上蜜供会，除夕之前保管一份儿一份儿用圆笼挑到家里来。谁知分期付款的办法，北平饽饽铺早就行之有素了！

写春联买年画

大人忙年，小孩在书房读到腊月二十左右，老师分别回家过年，书房私塾也就放年假了。那时既无寒训，又无冬令营这类活动，家长怕孩子们胡吃乱跑，于是给孩子们想出最好的行当，那就是写春联。在街头巷口摆上一张条桌，安置好纸墨笔砚，就可以大写特写啦。年轻人好胜，你写的黑亮光润，我能真草隶篆四体皆备；你对联用的词句大雅宏达，我一副对联另送横批一帧。到了年根儿底下，每人怀里都揣有几文墨敬，恰好画棚子开张，正好三朋四友逛逛棚子，以消永昼。

提起画棚子卖的年画，小孩没有一个不喜欢的。用大张粉连纸拓印上色，无论大宅小户都要买几张点缀年景，不过贴的地方不同，有的贴在起居室卧房，有的贴在门房厨房而已。年画始于何时，已无可考。当年国际考古家福开森博士搜集明代年画十多张。国剧大师齐如山先生收藏年画中，就有康熙乾隆年间产品。同时齐如老鉴于这种乡土风味极浓的古代民间绘画艺术将近失传，于是跟几位同好，凑了一笔钱，把杨柳青戴连增所存能印的底版，各印四五十张，分成若干份儿，大家保存起来以资留传，而垂永久。

据说我国出产年画的地方只有两处，一是天津附近的杨柳青，一是河北深州的武强县。杨柳青的画又叫"卫画"，手工细腻，色彩鲜明，售价稍高，只在京津保定一带行销。

武强的年画虽然手工稍嫌粗糙，可是乡土气息极为浓郁，远及西南的昆明各大城镇，西北迪化附近地区，都有这种年画在贩卖。齐如老说，他在法国巴黎博物院看到中国各式各样的年画，有数百张之多。七七事变之前，南满铁路的博物馆收藏的这种年画也极丰富，当年跟齐如老一块儿收集年画的有汪申伯先生。据如老在世见告，汪先生早来台湾，那些年画可能尚在保存，希望这些与民俗有关、历史悠久的美术品，能在新年期间展览一番。让年轻一代看看早年的民俗画是什么样子，岂不是很有意义吗？

拜 年

谈到拜年，除了小孩喜欢过年拿红包外，成年人提到拜年，没有人不头痛的。北平商家拜年，比较省事，派徒弟们拿着名片各处投递。各商号门口，都竖立一只"谨登尊柬"

的信筒子，片子往里一投，就算人到礼数到，一天可以跑个几十家上百家。一般官民人等可就不同啦，就是交往稀疏、一年见不上一两次面的远亲故旧，过年一家家要去拜拜年，否则不是变成了断绝往来了吗？

凡是人家来拜年的都要回拜，门生给老师拜年，老师也要回贺，否则就算失礼。好在北平的规矩，除非至亲好友可以到门不递名片、径自登堂入室外，凡是递名片拜年者，一律挡驾不往里请。在民国初年拜年，仍然多用骡车代步。坐在车里连车帘都不撩开，将名片交给赶车的，他喊声回事，门房有人出来迎接。车夫高举名片，说"拜年道新禧"，门房接过名片也高举，回说"劳步挡驾不敢当"，就算礼成。

北平城里城外地方辽阔，骡车走得又慢，从初一到初五要拜几百家的年，要不是望门投帖，这个年岂不是要拜到元宵节吗？因为这种投帖式拜年，完全是种形式，凡是交游素广的人，想出了取巧办法，开张清单交给子弟近亲代为投片拜年，反正不往家里请，彼此心照，永远也不会穿帮的。有的人自己没有车，各大街都有停放拉买卖的骡车的地方，叫"车口"，可到那儿去雇。讲好了价钱之后，另外有两件事情也要先行讲妥。一是赶车的戴官帽（红缨帽）要加多少钱，递片子又要加多少钱。因为赶车的不戴官帽，彼此之间是买卖生意，一戴官帽，就有主仆之分了，所以得多加钱；代递名片可以使坐车的免去上下车之劳，并且免去跟门房说若干废话，自然要多加点钱了。这些都是北平昔年旧事，现在说出来不是十分可笑吗？

辞 岁

从前古板人家，辞岁比拜年还重要。除夕请出喜容悬挂起来上供，算是给祖宗辞岁，然后长幼依序给辈分高、年纪大的长辈磕头辞岁。凡是未婚少年男女，都有压岁钱可拿。给红包都是堂客们的事，官客只有姑老爷舅老爷给红包，因为他们是近亲，而又穿堂入室，所以才封红包给压岁钱。不像后来争奢斗靡，不论男女长幼红包满天飞，让一般拘于旧礼法的人家相形见绌，难于适应了。

清朝宫廷中，对于辞岁也非常重视。每年岁除，太阳一偏西，所有近支王公、勋戚宠臣，都要进宫辞岁。各宫也都准备好赏人的小荷包，花色有绣花、千金、缂丝、穿珠，罗纨缔绣，争奇斗巧，全是宫娥们精心之作。荷包里有金银小元宝、钱锭、如意，都不过黄豆大小，可是雕文刻镂，技巧横出，得之者无不视同珍异（袁世凯洪宪时期，曾经让他的总管郭宝臣督造一批洪宪瓷，并仿照清廷原样，订铸一批金锞子，后来都被收藏家以重价搜求。洪宪瓷因为数量多，市面上还偶或发现，至于那批小锞子，还没来得及赏人，就被他的左右瓜分了）。大内辞岁，最迟日落之前一律离开宫禁。因为皇家知道，除夕家家都要祭祖，祭完祖才能阖家吃团圆饭，交了子正就不能再吃团圆饭了。除了特殊情形，宫里绝不会留臣下们一同在宫中守岁的。

北京是元明清三代国都，过年的民俗，一时也写之不尽。以上写的是一些比较老的年景，聊供大家回味一下北平当年过年的情调吧！

宰年猪

中国虽然地大物博，可是从南到北无论哪一省市乡镇，除了回教徒之外，过年的看馔，普遍都是以猪肉为主。所以一进腊月门，直到除夕，每天宰猪的数字，一天比一天多，在乡间的一些小村镇，平素很少大块吃肉的，可是到了年根儿底下，宰上十头八头肥猪过年，却是常有的事。

山东靠近威海卫的荣成，因为滨海，渔产丰富，在山东省来说，算是比较富庶的县份。当年北洋军阀张宗昌手下大将毕庶澄，就是山东荣成人。毕被任命青岛商埠督办、渤海舰队总司令，正当他炙手可热、煊赫一时的时候，他在农历除夕还乡祭祖，于毕氏宗祠，大开筵席，款待宗族父老，醉饱之余，每人还带一块祭肉回家过年。这一次盛举，据说就宰了百八十头大肥猪，算是历来荣成宰年猪的最高纪录。

谈到中国猪肉的肥嫩鲜腴，以省份来说，江苏、浙江两省的猪肉都算是最好的，浙江的金华盘安，腌制火腿驰名中外，若要火腿好吃，自然得先从猪身上做起。绍兴、兰溪都是出产佳酿的地方，酿酒的糟粕拿来喂猪，当然是最有营养的饲料了。江苏的苏州、无锡、常州、昆山一带，都是江南精华所在，鱼米之乡，稻米充盈，民间富饶。苏州的酱汁肉、无锡的肉骨头，味压江南，跟猪肉的肥嫩是有着莫大关系的。

苏常一带，如果交冬较早，一到腊月就有人家开始宰年猪了。所谓"年猪"，平素特别饲养加食添料，除了供年馔之需外，如果有多余的就拿到市上销售。年猪因为养得肥壮，膘足肉厚，当地人管它叫"冷肉"，虽然售价比一般肉摊卖的猪肉价钱高一点，可是一般家庭主妇还是争先抢购。第一是因为秤足肉好，第二是因为冷肉，多半是祭过神后才出售的，买了这种福胙回家供馔，可以上邀天泽，多花几文也是值得的。可是自从有了屠宰税后，是凡猪只都要送到屠宰场集体宰杀，还要加盖水印，以防偷漏，想买福胙，也就不可能了。

浙东象山一带，讲究左右邻舍养猪只，到了年底杀了大家分肉，把猪肉分成若干份后编上号码，大家抽签对号，凡是抽到猪头的，说是来年必定喜庆大来，财源茂盛。当年上海阜丰面粉厂厨房有一位老师傅，大家都叫他"一根草"，是象山人，据说他能用一根稻草，一根接一根地把一只猪头烧得味醇质烂，入口即融。笔者平素对于整只猪头肉，总觉得登盘荐餐，不太文雅，所以每逢酒筵上遇有这道菜，总是起而避席。

有一年北平名武生吴彦衡随荀慧生到上海演戏，上海三星票房有两三位学武生的，听说吴彦衡的《挑滑车》"高宠在挑车"一场，有几个身段特别利落，要请吴老板给说说。戏院里有位后台管事，说吴彦衡喜欢吃烧得稀烂的猪头肉，这一下外号"一根草"的那位老师傅可派上用场啦，一桌酒席虽然是珍馐罗列，可就是这道猪头肉最受欢迎，红肌多脂，肉嫩味厚，因为炖得糜烂，已不具猪头形状，所以不忌浓肥的客人，无不饱啖一番，人人称快。这位老师傅说，微火焖猪头只要调味料用得得当，火力平均，慢工细火自然炖出来好吃，尤其是年猪烧出来更是肉头松软、肥而不腻。请吴老板的头一天，福星面粉厂的昆山农场，恰巧送来一只特号年猪，所以吴老板快尝所嗜，而同席各位也都举箸怡然。岁次己未，一元肇始，祝各位读者今年诸事遂心，千祥百益，笔者在此拜年了。

令人怀念的年画

一到十冬腊月，北平大街小巷就平添一种市声，吆喝"画儿，买画儿"了。

早年，无论贫富，家家都要买几张年画给小孩，有钱的人家都粘在更房、门房、下房，或是护窗板上，乡间人家就把年画贴在卧房炕头上，借以点缀年景，又可以哄哄孩子。

沿街叫卖年画，在清末民初，平津两地都极盛行。虽然全国各省都有这种木刻年画，可是风格俗雅，各有不同。华北最著名的产地，有天津西边的杨柳青，俗称"卫画"，有深州附近的武强县，山东潍县的杨家铺，华中则有苏州阊门的山塘路等处。

年画无论南北，都是用墨线画成，刻成木板再印，印出来只有墨线轮廓，然后着色。杨柳青年画，都是挑选年轻女工着色。北方小姑娘多半缠足，不像南方赤脚大仙能够下田，既然不能到田间工作，针黹之余，年画着色就成了她们的副业了。她们着色是一人上一种颜色，先把画师着好颜色的年画做样本，然后在每张上着一种颜色，你涂红我抹绿，各拣一色不用换笔，这种分工办法涂起来非常快速，每个人一天能涂好几百张。杨柳青因为操作都是女工，比较细致工巧，产量不多，自然价钱较高，而且仅仅在平津一带行销。至于武强、潍县画年画的男女都有，着色迅速粗放，甚至行销远及西南云贵广大地区。

苏州年画，又称姑苏版年画。据《趋庭随笔》说："每年重九登高，一直到年尾大市，从山塘路到虎丘，年画铺栉比鳞次，远地客商，争来抢购，盛极一时。"这一段述说，足证康熙时代姑苏年画的好景是如何了。光绪甲辰正科榜眼朱汝珍在他的《玉堂札记》里说："太平天国攻陷苏州，纵火半月，虎丘一带遭劫最惨。"阊门外山塘路到虎丘，全被匪兵乱民烧掳一空，原有年画版悉被劈成柴烧。而这些年画，一般人家都认为是应景点缀，年年换新，没人留心保存；文人墨客，又认为粗俚不文，难登大雅，不屑保存，使得年画几近绝迹。到了光绪初年，民间元气渐复，苏州年画才在桃花坞又热闹起来，可是藻绘涂丹，跟乾隆年间风格迥异了。

年画究竟始于何时，现在虽然已经无法详考，可是当年考古学家福开森氏藏有几张年画，经过多位考古家考证，从纸张跟颜料上看，确定是明世宗嘉靖年代的年画。年画中有一张是《云台二十八将》，图纸角上印有"嘉靖四十一年王二吉制"字样水印，其余几张墨色纸张完全相同。明嘉靖年代就有年画可以确定无疑。

高阳齐如山先生生前对于收藏兴趣极浓，他有几张康熙年画，跟法国公使馆参事杜博斯（中国年画收藏家）珍藏的康熙年代几十张年画相互印证，从印工清晰、着色精致上断定是康熙年代产物。

自嘉庆以迄道光，年画大部分是率由旧章原版印锓，都还不离大谱，经过太平天国蹂躏掳夺的浩劫，康熙年画已荡然无存。到了同治光绪时代，听说他们幼年都爱听宫监们给说《七侠五义》《小五义》民间故事以及公案、说部，影响所及，于是年画又热闹起来。宫中虽然无处张贴，可是宫监们偷偷买进宫去托裱装订起来，供小皇上休闲时阅览。所以这时候年画如智化冲霄楼盗盟单，被压在月牙刀下，艾虎借七宝刀削月牙刀救师父；黄天霸拿一枝桃，射虎，中镖倒地，布局、衣饰、神情、姿态都出名匠手笔，刻画得传神入理。据说当时有一位年画师傅叫戴连增，因为年画净挣下四五百亩地养老呢！

齐如老有一年在莹桥河边茶座瀹茗，跟我谈到年画，他说："年画约分七类：一是劝善惩恶的画，二是历史画，三是儿童画，四是风俗画，五是吉利庆祝画，六是俏皮歇后语画，七是戏剧画。这些年画，有些是关乎风俗习惯，影响社会人心的好体裁，可惜我们的新旧学者认为是村农野老的玩意儿，没有加以重视。久而久之，自然归于淘汰，反而是外国人视为中华国粹，想起来真令人可叹。

　　"当年日本人在南满铁路博物馆收藏有几百张，法国巴黎博物馆收藏更多，并且把它分类，我也搜集了两百多张，可惜都没带到台湾来。"

　　北平的画棚子，每年一过腊八，席棚就都搭起来了，都在东四、西单、鼓楼前一带。其中西单牌楼一处是同懋增、同懋祥两家南纸店搭的，生意兴旺时，晚上点燃两只打汽灯，照耀胜过白昼。样张画挂五层，要哪一张，立刻有人在画案格子里，一抽即得，有条有理。据说这种方法，是从旧式衙门里案卷房学的。北平名小说家耿小的，他小说里歇后语最多，画棚子从搭起来那天他就要去画棚里蹓跶蹓跶，凡是有歇后语的年画，他就买回来，作为他写作的资料，而且运用得当并俏皮。

现在栖迟海陬，想起当年残冬岁尾逛画棚子、灯下看画情形，已经是半甲子以前的事了，现在给儿孙辈讲讲说说已经变成老人说古啦！

年画琐忆

前几天到老友张宇慈兄府上聊天，正赶上他开衣箱取皮袄来御寒，他在翻箱底发现有几张从大陆来台湾带出来的年画，每张画的右下角，都盖有戴连增监制的小墨纸，因为净是用细蒲草帘子裹着，不但没有破皱，就连颜色都没变。

一张是"吉庆有余"，一个肥嘟嘟胖小子，头上扎着两个抓髻，脖子上系着一件镶黑云头的大红兜肚，怀里抱着一条活蹦乱跳的大鲤鱼。一张是阖家三十晚上接财神包饺子的年景：孩子们穿着棉袄棉裤，捂着耳朵点放太平花二踢脚；男士们皮袍马褂，在院里天地桌前摆供上香磕头；屋里炉火熊熊，妇女们老少咸集，有的坐在炕头上包饺子，有的捧着一簸箕包好的饺子，正准备送到灶火前去下锅，另一位妇道正站在灶台前用漏勺盛饺子往盘子里放。全家熙熙融融，正是北方一般家庭除夕的年景。

另外一张是《七侠五义》说部中一段故事《黑妖狐夜探冲霄楼》，襄阳王把白菊花晏飞盗来的皇上的冠袍带履，放在布满各种机关的冲霄楼上。黑妖狐智化黹夜登楼，不幸被楼上月牙铡刀把身子卡住，幸亏有百宝囊挂在小腹之上垫住，皮肤虽未受伤，可是一时无法脱身。他的徒弟小侠艾虎，借来义父欧阳春七宝刀，打算用宝刀削毁月牙铡刀搭救师父脱险。王府的王官正拟登楼拿贼，艾虎的紧张，智化的焦急，都跃然纸上。

我看了这三张年画，除兴奋之外，恍然如对故人有无限亲切之感，在台湾想看中国历代古画，所在多有，可是想看一张年画，确戛戛乎其难了。我想这些年画如果给现在从事影剧电视的朋友看到，那对服装、道具、布景的设计，可能有很大的帮助。

近十多年来，台湾对古老的民间艺术，虽然发扬提倡不遗余力，近几年剪纸艺术已有蓬勃的发展。可是当年流传最广、大宅小户都欢迎的年画，反而很少人提及了，再过些年，什么是年画，恐怕都很少有人知道了。

年画的发源地，在天津的杨柳青、胜芳一带，据说在康熙年间杨柳青戴家是专门在庵观寺院画栋雕梁上，绘画楼台殿阁、翎毛人物、花鸟虫鱼的画匠。他们绘画多半在檐槛错落、高阁凌空的地方仰颏悬肘工作，比起展纸平铺作画，不知要难上多少倍。偏偏戴家能够匠心巧运，绘画出来的不但色彩鲜明，而且栩栩如生，传到戴仲明、戴叔明兄弟，因为寺院的油漆彩画工程时冷时热，所以平日没有工程承包时，就画年画，来维持生计，他画年画分雕版、印刷、上色三个步骤。除了雕版、印刷由他们兄弟二人自行操作外，上色就由家人分任其劳了。

从仲明兄弟创作年画大行其道后，杨柳青的年画作坊多到二十多家，可谓盛极一时。传到戴连增，对于着色方面更是精益求精，年画贴在墙上一年，仍旧色彩明艳，毫无褪变。从此戴连增成了店号，戴连增也变成年画的代名词——买年画没有不知道戴连增的。

戴连增的年画，全盛时代行销远及山陕甘绥，可是一过黄河就没有戴连增的年画卖，甚至于连年画这个名词也不大有人知道了。笔者在苏浙皖湘鄂赣等地过年，就从来没看见过年画，有之只是英美、南洋几个大卷烟公司，请曼陀聿光几位名家画的美人风景画片而已。至于戴连增的年画为什么不能南销，据我猜想大概杨柳青一带所画的年画，完全是描绘北国风土人物，地方气息太浓，跟江浙的风土习惯各异，不太合于南方人的胃口，所以销路不能逾河而南吧！

在平津一带，一进腊月就有沿街叫卖年画的了，齐如老生前说："北平市声茹柔吐刚、抑扬顿挫，最好听要属叫卖茉莉花、鲜菱角，跟叫卖年画的了，尽管叫卖的人粗壮暗钝，可是声调锵铮，令人有一股子亲切俊爽劲儿。"凡是听过这三种市声的人，可能都认为齐如老所说的确有点道理。下街叫卖年画的，穿街过巷身上背着一卷芦苇帘子，你别看卷儿不大，打开来可是包罗万有，什么《彭公案》《施公案》《白蛇传》《济公传》《七侠五义》《小五义》一类说部故事的年画，靡不悉备；什么发财拱门、迎神接福、猪肥还家、招财进宝吉祥话的年画，反而货色不多。因为叫卖年画的，多半转来转去总在大宅门前吆喝，一些小少爷们，一听卖年画的吆喝，就跑出来把卖年画的围上，苇帘子铺在上马石上，一挑就是十来张，还有论套买的。

　　买了那么多年画，可没见大宅门谁家的客厅、书房、花厅贴着全套说部或是整出京腔大戏年画的，那他们买的年画贴在什么地方呢？北平的深宅大院，前后都有大玻璃窗，每天掌灯的时候，都要覆上木制的护窗板（这个工作是打更守夜更房里人的专责），所有年画就都贴在护窗板里扇上了，孩子们晚上没事就可以在前后窗上尽情欣赏了。

一过腊八，拿北平来说，东四、西单、鼓楼前的空地广场，就有人雇工搭起芦席棚子卖年画了。据说段儿上（当时该管警察机构叫"段儿上"）仅收极少数费用给消防队，就核发临时准建执照，就可以搭棚营业了。虽然棚子大小要依地势而定，可是高度都在两丈开外，因为年画要一层靠一层地用小线绷挂起来，才能在大煤气灯照耀之下，得瞧得看供人选购。当年在北平，年根底下逛年画的画棚子，正月间逛古画的画棚子，也是有钱有闲阶级人士一种消遣享受呢！

画棚子里的年画，都是整批从产地趸来的，所以比沿街叫卖的货色可齐全多啦，尤其讨口彩吉祥年画，跟俏皮话歇后语的年画，可以说五花八门应有尽有。从腊八到祭灶半个月时间，虽然几个铜元一张，积少成多，还真挣不少呢！小户人家把年画买回去，各处乱贴，尤其是大炕两旁真有贴上十张八张的；至于大宅门买回去的年画，就成为门房、更房、下房墙壁上的点缀品了。

当年孙家骥兄在世的时候，笔者知道他天地财神门神灶君月宫祃儿，甚至于北平的电车票、中山北海公园的门票、各大戏园电影院的入场票全带到台湾来了，唯独年画一张也没带出来。宇慈兄这三张年画，虽然不敢说绝无仅有，可是也不多见了。至于后来有人把年画用石印或彩色套印来卖，因为淳朴乡土气息荡然无存，也就没有人把它当年画去欣赏光顾啦。

发春献岁话春联

　　除夕用红纸书写对仗工整的吉祥语句，贴在门上，谓之"春联"，俗话叫"对子"，文言叫"对联"。根据《列朝诗集》记载，春联自明太祖定鼎金陵，除夕过年御笔亲书过一副"国朝谋略无双士，翰苑文章第一家"的春联，赏赐近臣陶安，从此家家铁画银钩，处处锦笺墨宝，与爆竹桃符，互相辉映，点染新春，蔚为风尚。除夕贴春联的习俗，传到现在，屈指算来已经有六百多年历史了。

　　陈含光先生说："作联至难，其四言偶句骈文也，五言七言诗也，三字及畸零不整之句词也，篇成而各为声调者曲也，非兼工此数者不能为联，故文人有终身不解作联语者，盖其难如此。"

"联圣"方地山先生则说："作对字不限字句，不限白话文言，前人断章截句也可借为己用，诗文词曲、俚语方言都可采入为联，只要安排得匀称，配合起来，便是佳作。"

两位前辈说法一位是说难实易，一位是说易实难，其实两老都是个中高手一时无两的。"联圣"有一年在天津过年，住在国民饭店，忽发雅兴，在饭店门前，设下一张方桌，安排纸墨笔砚，专门给天津各商号写嵌字春联。天津《庸报》发行人叶庸方，曾经设法搜集起来共得一千二百余联，影印装册，题名"春联集萃"；因为其中都是方地山、袁寒云亲笔，得之者莫不视同拱璧。抗战胜利之前，陈含光姻丈，避居扬州洪家花园，及至日寇投降，是年除夕他以小篆写了一副春联，上联"八年坚卧"，下联"一旦升平"。当年寇袭邗江，陈氏不及走避，日本特务机关指使梁逆众异，遏迫含老出任伪朝，他受尽无数窝囊气，始终坚忍不屈。他这副春联虽然仅有八个字，比之杜工部《收蓟北》诗，神情激荡，跃然纸上，是春联中最为传神不可多得的佳作。

春联用纸，朱红、翠绿、柿黄三色都有，最讲究的用洒片金碎金银星。凡是遭父母之丧，在家守制，已过期年，可用净绿天地头加蓝色的春联；一般庵观寺院的春联都是用浅黄色纸张。最奇怪的是清代的王府宗室一律悬挂的是白纸春联外加红边蓝边，其他公侯府邸则跟一般人家一样，用大红春联；如用白色春联，还犯僭越之罪呢！唯一例外的，是北平翠花街的札公府，他家虽然是世袭罔替铁帽子公，可是札公府府门所挂春联是皇帝特准用白色的。据说当年老札公爷扈从皇太极在大凌河与明军交战，清军被困突围时与皇太极互易戎冠马褂，以致中箭身亡。后来清军入关，顺治在北京即位，眷念旧勋，御笔亲书"开国元勋府，除王第一家"十个字春联颁赐札公后裔悬挂府门，以彰有功。字体虽不算佳，可是联语气势雄浑，大气磅礴，的确是帝王口吻。

笔者当年刚学写篆隶的时候，逢到年尾，族兄冠一住在西单牌楼白庙胡同，该处正好是卖春联的大本营，一个接一个，排列在马路边上，凡是当场能够挥毫者，生意都不错，学生们在年终岁末卖春联，赚点零用钱过年用，总比闲着无聊好。可是北地天寒，一边研墨一边烤火也是件苦事。北平一得阁、松古斋的松烟墨汁，虽然浓稠适度，写起字来可以纵意所为，可是写春联就派不上用场了。因为写春联的红梅纸一遇反潮天气，一刷糨糊，就墨迹渗透一片糊涂了。所以家兄春联摊上，谁要给他助威写春联，首先要自己磨墨。我为了一显身手，费了半天事，手指头冻僵了，研了一墨海的墨汁。左右那些摊子上，尽管颜柳欧苏字体的应有尽有，可是能当场写甲骨、钟鼎、篆隶的人我算是独份儿。我这一写不要紧，西单牌楼几家绸缎庄、洋货店，都来捧场，立刻变成门庭若市，一天写了大小春联四十多副，写得我腕直腰酸，给家兄摊子壮大了不少声势。第二天还有人到摊子上指名要我写嵌字大篆的。我一看情势不妙，就是有人给我磨墨，我也只有敬谢不敏，钻到附近画棚子看画去了。

北平吃饺子几样年菜

北平人平素过日子，无论是大富之家，或是升斗小民，都非常刻苦俭朴，就是中产之家，饭桌上也很少整天大鱼大肉罗列满前的。可是终岁辛勤到了过年，大家少不得要做几样可口的菜，来犒劳犒劳自己了。

北平的习俗，正月初一到初五这五天里头不下生（就是不蒸饭，煮饺子除外），十之八九家家都吃饺子，就用不着忙于做菜了，只要做几样能凉吃能回锅下酒的小菜就够啦。

炒咸什 家家必备的一样酒饭两宜的素菜叫"炒咸什"，又叫"十香菜"。既名十香，当然要有干鲜不同十种蔬菜了。其实有的人炒十香菜，还不止十样呢！先把胡萝卜切丝单独先炒，再炒黄豆芽，然后把豆腐干、千张、金针、木耳、冬笋、冬菇、酱姜、腌芥菜去叶留梗，一律切细丝下锅炒熟，放入胡萝卜丝、黄豆芽加酱油、盐、糖等调味料同炒起锅。南方炒法也有另加榨菜、芹菜的，那就十二种了。炒十香菜的诀窍，各种干鲜蔬菜切丝要细，长短力求一致，酱油要用浅色的，油量要看东西多寡而定，用得适当不油不涩，如嫌水分不足，可以把泡冬菇汤酌量加入，既可柔润，又能提鲜。

酥　鱼　"酥鱼"是一样喝酒吃饺子两者咸宜的菜。活鲫鱼不要太大的，以一斤可称四五条为度，过大的鱼骨头就不容易酥烂了。把鲫鱼剖肚挖除内脏洗干净后，放大海碗里用酒（最好是黄酒）、酱油、米醋（切忌用化学白醋）、白糖拌和浸泡四十分钟。作料以盖过鱼身为度，可免频繁地上下翻动，将鱼体破坏，有损美观。等油烧滚将鱼放下煎透，将鱼起锅，铺在另一锅里，一层大葱，一层鲫鱼，葱不厌多，每层再酌放姜丝去腥，然后把泡鱼的混合调味料全部倒入鲫鱼锅里，以能盖过全部鱼身为度。盖上锅盖，放在文火上煨焖一小时半，淋下香油起锅上桌，此时葱溶鱼烂刺酥，尽管放心大嚼，不必担心鱼刺卡喉。酥鱼凉吃更好，做好放在冰箱留以待客，可免主妇临时治馔的麻烦。

烧素鸡 "烧素鸡"也是连天吃大鱼大肉之后，一道清爽适口的好菜。材料以豆腐皮做的素鸡跟腐竹为主，配料以冬菇、冬笋、白果为辅。因为过年，加一点头发菜跟几颗红枣，加调味料同烧，既讨口彩，又配菜色，是新春最受欢迎的素菜。舍间每年春节，一过破五，烧素鸡总要补充再烧一次呢！

虾米酱　"虾米酱"虽然是一道很普通的菜，但是滋味如何，那就要看大师傅的手艺了。有些人喜欢过年做"虎皮冻"，把猪肉皮煮烂切丁，跟胡萝卜丁、毛豆或豌豆加调味勾芡冻后切块来下酒。手艺高的，固然晶莹凝玉，清湛宜人，不过毛要镊得净，口味不能太咸，所以最好改为炒虾米酱比较适宜。炒虾米酱的虾干，一定要用泛黄而不发红、虾皮褪得干干净净的虾米才好。把虾干、瘦肉、冬笋切丁，瘦肉丁先用姜葱爆香，再用上等黄酱同炒。这个菜第一忌用豆腐干、花生米，最好不用甜面酱，如果再加辣椒，那就近乎上海人的八宝辣酱，而不是所谓虾米酱了。

雉鸡炒酱瓜丝　北平西郊有个地方叫八宝山，是雉鸡、竹鸡入冬以后的集散地。山上有一种野生万春藤，藤实当地人叫它草果，是雉鸡、竹鸡暖冬恩物。冬天喜欢吃点野味的人，带着猎枪到八宝山跑一趟，准能饱载而归。拿两只雉鸡送给亲友当年礼，一方面是花钱买不到的稀罕物儿，另一方面也显摆显摆自己的枪法有准。所以在年根儿底下，北平老住户也有亲朋好友送点野味来给您添年菜。雉鸡拔毛开膛洗净后切丝，先用调味料姜酒盐葱泡一下，然后用酱瓜切丝合炒，或是用雪里蕻炒也好，野意盎然，献岁发春，换换口味，倒也不错。义和拳之乱，两宫蒙尘，銮驾西幸，两宫在潼关进膳，岑春煊进呈雉鸡炒酱瓜丝，独膺懋赏，这道菜后来列入御膳房的膳单，自然更是身价百倍了。

老北平，在正月初八顺星之前，如果留亲朋在家便饭，多半是煮饺子待客，所预备的酒菜，大概最普通的就是以上所写的三荤两素也尽够了，吃饺子原汤化原食，例不另外备汤的。

吉祥年菜： 人不分南北，菜一样东西

中国人对于过年特别重视，大陆幅员广袤，不像台湾轮辙四达，就是远在外岛，也能朝发夕至。当年在大陆，凡是出外工作或求学的人们，终岁胼手胝足，备尝艰辛，到了过年虽然千里迢迢，也要想尽方法，赶回家去过个团圆年，家人久别，一旦欢聚，无论贫富都要做几样可口的菜肴，让阖家老幼，欢欢喜喜来团年守岁。

北方人生活俭朴，一般普通家庭三餐，差不多都是以杂粮果腹，很少肉食，就是除夕年菜，也无非是宽粉条炖猪肉、胡萝卜烧牛肉、小丸子熬白菜，再讲究点来个扣肉、扒鸡、红焖鸭子，喜欢喝两盅的朋友准备点酥鱼、十香菜、肉皮冻儿、卤口条，既可杯酒怡情，快快乐乐度岁，如有三五亲友贺春拜年，也可以对付着延宾小酌一番了。南方普通人家，比起北方饮食稍微精细点，因为临江濒海，也不过是多点鱼虾海味而已，至于富贵人家巨绅富贾，则六膳调兰，湛露琼卮，这桌团圆年夜饭，就非一般人所能想象的啦。

在抗战之前，黄河流域，长江流域跟珠江流域，二者取材用料固属截然不同，就是割烹燔炙之道，也是迥然有异，一桌年菜绮筵当前，知味者不必亲尝，一看就知道是出自哪省庖人的手艺了。

目前台湾各大饭店酒楼，虽然是号称礼聘各省名庖主持觞政，标榜正宗口味，各省妙馔，可是照实际现象来看，江浙饭馆有顶瓜瓜的挂炉烤鸭，平津小吃也能炒个回锅肉、炖个砂锅狮子头，台菜酒肆也准备了酸菜白肉火锅应市，最妙的是挂着蒙古烤肉招牌，烤肉作料添上个白菜丝、胡萝卜丝，甚至洋葱、番茄一些舶来品种的蔬菜，也都成了烤肉的主要作料，罗列满前，令人举箸踌躇，无所适从了，要说省与省之间，应当精诚团结，互助合作，据我看在饮食方面，最得风气之先，早已五蕴七香浑然一体，没有畛域之分啦。

在早年除夕家宴，虽都是盛食珍味，可年菜者，也不过是把家里男女老少平日爱吃的菜看做几样出来，求其各适其味，博得阖家男女老幼皆大欢喜，过个热热闹闹的新年而已，并没有什么一定之规的，不过有几样菜，是地无论南北，人不分东西，在吃团圆饭的桌上，好像是必不可少的菜点。

十全十美　十香菜有的地方叫"素咸什"，是酒饭两宜的一道素菜，既名"十菜"，当然要有干鲜不同的十种蔬菜了。其实有的人炒十香菜，还不止十样呢！红萝卜、黄豆芽、千张、豆腐干、金针、木耳、冬笋、冬菇、酱姜、腌芥菜，一律切细丝下锅炒熟，北方炒法有另加芝麻、酱瓜丝的，南方炒法有另加榨菜、芹菜的，如此算来，那就不止十种了。炒十香菜的诀窍，各种干鲜蔬菜，丝要切得细，长短划一，酱油要用浅色的，油量要看东西多寡而定，至于何者要先下锅，火的大小，炒得时间久暂，那就要看掌勺的手艺如何啦。

年年高升　除夕团圆饭总有一盘年糕，取其年年高升的口彩，北平的年糕，很少人家是自己做的，差不多都是向蒸锅铺买来的，分红白二种，一种用红糖做的，一种是白糖做的，四四方方一块，有的捏成元宝形，既不美观，更不好吃，无非是筵醑晏晏，聊资点缀而已。后来平津各地开了不少南式茶食店，如桂香村、稻香村，过年时候，都有苏州的桂花红白猪油年糕卖，蒸熟荐餐，其凝如脂，其甘如饴，醉饱之后，浅尝几箸，倒也醒酒开胃。南方团圆饭桌上的年糕，多半是出自璇闺雅制，把糯米粉揉合红糖做皮，芝麻、核桃、蜜汁做馅，用木头模子盖好，放柊叶子上蒸熟，擎盘散馥，芬芳似桂，引得老幼举箸竞尝。岭南羊城，把过年蒸糕视为一件大事，不但要考验婶妯姑嫂调羹妙手，糕酸得好坏，还用来卜一年气运的休咎。驰名中外的萝卜糕是团圆夜宴上必不可少的盛食珍味，而且甜咸糕饼杂陈，任便恣啜，所以各式年糕，南北做法，虽有不同，可是年糕在除夕家宴，无论南北都是必备的一道点心呢！

富贵有余　富贵有余，也是一道讨口彩的菜，其实就是红烧鱼，又叫"年鱼"，不过用什么鱼，其中讲究可大啦。早年有科名的人家，绝对不准用鲤鱼，因为鲤鱼跳龙门象征状元及第，大家都拿鲤鱼来放生，所以年鱼避免用鲤鱼。松花江的白鱼是东北名产，隆冬盛产，凿冰取鱼尤为名贵，除夕家宴在北方富贵人家多半喜欢用白鱼做年鱼，因为年鱼当晚大家都不动筷子，要等过完年再吃，方能符合年年有余的原意。在红烧之前先把鱼暴腌一下再烧，北地天寒，放个三五天再吃，绝不致有腐败现象。南方年鱼，也有人用青鱼鲢鱼的，近年在台湾，有些人云亦云的人家除夕团圆饭有用鲳鱼的，也有用甲鱼的，而且有的改红烧为清蒸，鱼一上桌，众箸齐下，顷刻之间，碗底见青天，这种年鱼已然变成一道普通菜了。有一位最会幽默的朋友说："过年吃鲳鱼甲鱼倒是吃得盘碗精光最好，否则鲳甲变成年年有余，富而不贵，也没有什么光鲜吧！"令人听了，不能不莞尔而笑。

过年的家筵，是年终岁暮，家庭主妇大

显身手的好时光，能干顾家的主妇，自然是青润芳鲜，各致其美，山肴野蔬，皆成妙馔，希望大家吃饱了这顿农历除夕团圆饭，挺起胸膛，向下一年勇往迈进。

献岁几样吉祥菜

中国南方的习俗，每逢旧历年尾，凡是至亲好友，总要请到家里吃一餐自家烧的小菜年夜饭，叫作"团年"。献岁发春，一过正月初五财神日（南方正月初五接财神，北方正月初二接财神，这是南北习俗不同的地方），又开始请春卮了。有一次笔者在上海过农历新年，因为只身在外的关系，一进腊月门就有相熟的友好，开始请吃年夜饭了。吃年夜饭有个不成文的规矩，无论你多忙，都不能点到为止、浅尝告辞，非要吃得杯盘狼藉、不醉无归才够意思，否则主人家认为你客气虚假而伤了交情。笔者食量本差，对于吃年夜饭简直视为畏途。倒是吃春酒轻松自如，那就舒服多啦。

世交董声甫、仲鼎昆季，出身百粤世家，同精饮馔，公余之暇，因为研求割烹之道，娱人娱己，于是在虹口通衢开了一家秀色大酒楼，地布猩毯，扉饰金煌，堂皇典丽，在当时广东酒家中可算首屈一指了。

他们知道先母舅跟笔者都是味兼南北好啖有名的，所以请我们吃春酒仅约丁氏叔侄，宾主一共六人。肴仅五簋，细点两品，都是秀色头厨清淡味永、文静不火精心之作。

董氏昆仲说："今日嘉宾都是品味方家，如果用些肥的鲍翅，未免失之于俗，几味粗蔬，是庖人认为尚堪一试的菜，请赐教品尝，幸恕简慢。"

桌上竖立一方银框镂花的菜牌，夹着一张朱丝格子的硬卡纸，用楷书写着这一席小酌的菜单：一、玉葵宝扇；二、喜占鳌头；三、龙翔凤舞；四、榴房瑞彩；五、马上春风；另外一行细点双品。广东酒家一向在菜式名称上弄玄虚，有些菜名谲诡横出，令人无法猜测，可是细心琢磨，还能猜中八九，可是这五道菜吉语连篇，菜色是用什么材料，一无蛛丝马迹可寻。同席丁氏总绾两淮榷运有年，对于粤菜别名，所知尤多，也是摇头不解。幸亏上一道菜董氏兄弟就解说一番，边吃边听，除了大快朵颐之外，并且听了若干故事，好多烹调技巧，多识多闻，自然在席面上增加了不少情趣。

第一道菜"玉葵宝扇"上桌，董大先生首先开腔讲了一个故事。相传古代岭南世家，有一位订婚未娶的罗公子，有传家宝扇一柄，一面珠缀葵花，另面雕镂梵文符咒，翡翠围框，闪烁粲目。据说凡是自缢或是溺毙的少年男女，只要人死不久，用宝扇不停地扇，就能把死人扇活过来。有一天罗公子的未婚妻在溪畔浣衣，不慎失足落水，打捞起来，气息全无。罗公子情急之下，亲持宝扇在尸体旁边不停地扇风，扇了一天一夜居然把死人扇活。广东一般家庭都喜欢用清蒸鱼类下饭，如果用新鲜土鲮鱼跟上品曹白鱼同蒸，一鲜一咸香味交融，就如同故事里罗公子救活未婚妻，一生一死终谐花烛一样，所以就叫这道菜"玉葵宝扇"，佐酒健饭两俱相宜。鱼要选得精，肉要蒸得透，红肌白理，令人口味大开。

第二道菜是"喜占鳌头"。广东是讲究吃鱼翅，也是最擅长做鱼翅的省份，比较论场面的筵席，头菜总要用鱼翅才有光彩。可是上品鱼翅，货高价昂，所以知好小酌，率多改用鱼肚，一则表示自己人不见外，二则袁才子在《随园食谱》里常说鸡鸭鱼虾实用之材，鲍参肚翅虚名之士，肚翅同仗酸汁煨炖，如果出自烹调高手，同样澄清百品，列为珍味。不过有些人只知鱼肚好吃，可它是鱼的哪个部位还不甚了了。其实说穿了，鱼肚就是鱼鳔。鱼的种类多，鱼肚的品质自然庞杂，其中以鳘鱼的鱼肚品质最高，而潮汕海丰一带的产品更称上选。听精于医道的前辈们说，鱼肚功能益气补中，早年广东富贵人生产坐蓐，讲究送燕窝、银耳、鱼肚、大乌给产妇进补。鳘鱼又别称鳘鱼，送人满月礼用鳘鱼肚，又含有贵子连生、鳘头独占意思在内，这种善颂善祷的意味，您瞧有多么深远。鱼肚当然是先用上汤喂足，然后蒜头姚柱焖妥，厚而不腻，质烂味醇，这是一道火候菜，在名家调教之下，当然异常出色。这道菜虽然不是翅鲍，但是价钱恐怕比翅鲍尤有过之，也是我所吃鱼肚中最好的一次了。

第三道菜是"龙翔凤舞"。在台湾吃石斑鱼不算稀奇，要在广九港澳，石斑可就名贵啦，尤其是老鼠斑。笔者前年在香港，老鼠斑一两，要卖二十多块钱港纸，折合台币一两要两百多元，真乃骇人听闻了。"龙翔凤舞"敢情就是肥嫩乳鸽炖石斑鱼，据董二先生解说：凡是三十斤以上的巨型石斑，是可遇不可求的。广州对这种大石斑，称之为"龙趸"，体型愈大，肉愈细润。我们今天所用龙趸，是有位船行大亨在秀色宴客，自带龙趸交厨房调制，我们是分润分享的。我们分润的这块龙趸，有八寸见方，博硕肥腯，六只酥融欲化的乳鸽，铺在鱼肚膛上，鱼肉腴润蒸香，脂滑肉细，丝毫不带鱼腥，若不是主人先行介绍，我还当是什么珍奇异味，断然想不到是石斑鱼呢！

第四道菜是"榴房瑞彩"。广东庖人都擅长烹调海狗鱼，海狗鱼又叫娃娃鱼，用甘肃特产大粒枸杞子来煨娃娃鱼，枸杞殷红增丽，艳比榴实，用"榴房瑞彩"来做菜名，具见妙思巧想，至于鱼的脂润膘足，微得甘香，更不在话下了。

第五道菜叫"马上春风"。献岁发春，粤省春卮宴客，压桌菜为了讨口彩，所谓"马上春风"，就是生炒马鞍鳝。据说这是顺德名菜，用大条黄鳝（广东叫"鳝王"）去骨切片，用冬菇、冬笋猛火爆炒，要把鳝片切成马鞍形，所以叫马鞍鳝。这是一道吃火功的菜，要炒得松脆腴嫩而爽不见油，那就要看掌勺的手艺了。秀色那位女易牙，是从广州所谓四大酒家之一的"谟觞"重金礼聘而来。她在秀色只承应三菜两点，三菜除了我们吃的生炒马鞍鳝外，另外两个菜是灼响螺片、观音斋，观音斋是广州永胜庵的拿手菜。广州各大酒家，哪家也做不出这样清淳郁浥的素菜来，不知道这位女易牙用了多少心机，才辗转把烧观音斋的诀窍学到手的，可惜当天菜已够吃，没能一尝珍味。

两道点心是"粉果"和"鸡粥"，我们当天在饮啜之余，都一一尝试。早年北平东亚楼曾经趁大梁陈三姑到北平探亲之便，情商陈三姑在东亚楼示范，做了一个短时期的粉果，不谈味道如何，仅仅蒸粉果的澄粉，就与众不同。澄粉柔润晶莹，泡泡透明，能把果馅儿鹅黄衬紫，泛映无遗，尤其果皮不干不裂，不像时下酒楼做的粉果，绝无粘底露馅儿的毛病。女易牙做的粉果，跟陈三姑的粉果，可以说不分轩轾，她用耐火玻璃盘盛之上桌，琉璃映雪，美食需要美器，那比东亚楼的铅铁盘就显得古雅高华多了。后来香港陆羽居的粉果驰名港九，听说就是这位女易牙的杰作呢！

酒足菜饱之后，每人一盂金银鸡粥，这种粥是先把整只肥嫩油鸡开膛洗净之后，投入刚开锅的粥里大滚大煮，煮到两小时，鸡已糜烂，捞出褪骨连皮带肉撕成细丝（忌用刀切），另准备烧鸡半只，也去骨拆丝，再一齐放在粥锅再煮，加入酱仔姜、老油条、脆虾片、芫荽、生抽少许，搅动一下，立刻起锅，清醇味永，分外好吃。

主人说：菜仅五看，全部取之鱼身，这叫作"吉庆有余、年年有余"的口彩，用粥品而不用汤水，也是有讲究的，说是啜粥而不饮汤，一年之内旅人遨游，总是雨旸以时，不会碰上雨雪载途的。这一餐春卮虽非珍奇馐馔，可是材料难求，而且各异其味。笔者曾录入《津津小记》，所以虽然事隔多年，记忆犹新。今当岁首，特地把这几样吉祥菜写出来，但愿日升月恒，年年有余。

一品富贵

　　中国人特别重视过年，新年前后说话随时都要趋吉避凶，多讨口彩，来年才能诸事遂心、吉祥如意。因为除夕当晚诸神下界来考察人间善恶，恐怕小孩们口没遮拦，胡说八道，于是在屋里贴上"童言无忌"春条，甚至于拿草纸给小孩擦擦嘴，表示小孩说话，等于放屁。

　　除夕吃团圆饭时候，传说正是诸神下界最频繁时，所以这顿饭，避忌更多。早年古老人家每一个菜都要起个吉祥名堂，例如一品锅改叫"一品富贵"，就是一个实例。过年的汤水一定是准备很充足的，一品富贵里的汤，不是白肉汤就是鸡鸭汤，其中主要的菜是"金元宝""银圆宝"。所谓"金元宝"是鸡蛋饺，"银圆宝"是小鸽蛋，整只蹄髈叫"一团和气"，墨刺参跟墨鱼用海带丝绑在一起叫"乌金墨玉"，鸡翅膀、鸭翅膀叫"鹏程万里"，冬笋叫"节节高升"，粉丝叫"福寿绵长"。有些人家还特别放上风鸡头糟鸡尾，叫"有始有终"。加上火腿、脚爪，自然菜味更为鲜腴，也有个名堂叫"平步青云"。

同是一品富贵，可是里面所放材料，丰俭粗细，南北就各有不同了。大致说来，南方的一品富贵，就比北方用料复杂而精致多多！锅子里材料一多，烧银炭的火锅就是特号大锅也盛不下多少东西的，大家庭多半用紫铜苏锅，烧酒精或炭精烧得火苗旺旺的。鸡鸭鱼肉在锅里热气腾腾翻滚不停，这时候随吃随续汤，添加煮好的各种山珍海味，这叫做越吃越有，越烧越旺。此刻的汤，太羹醇醴，拿来泡饭，珍馐肥胿，其味弥久。可是长一辈的人偏偏不准盛来泡饭，说是除夕吃汤泡饭，出远门一定遇到大雪骤雨，所以每年除夕的一品富贵，笔者总是关照厨房盛起一大碗来，留给我第二天泡饭吃，虽然是残羹剩炙，我吃起来推潭仆远，味逾珍馐。

现在我在台湾虽然每年除夕也准备一只一品富贵，从前忝居末位，现在已升格高踞首座，虽然高高在上，可是心绪情怀都没有当年身在下位的无忧无虑火炽有趣了。

新年天地桌上的蜜供

　　从大陆流传到台湾的各式甜点心，真是有幸有不幸，像菊花饼、核桃酥、杏仁酥，口味式样还都不太离谱儿。台湾做的萨其马有苏式广式软硬之分，其实萨其马是满洲点心，要软而不溶，松而不腻，隐含奶香，才合标准。台湾现在茶食店所卖的萨其马，简直跟大陆的萨其马是两码子事。至于旧时北平饽饽铺最有名的蜜供，前几年台北还有一两家茶食店试做，近一两年，不知道是没人注意，还是没人欣赏，也看不见啦。

　　谈到蜜供，虽然是一种普通甜点心，可是在平津一带过年祭神的天地桌、灶君神龛前都少不得供上一堂蜜供。平津地区一般年俗，从除夕起到正月十八日落灯为止，要在中庭摆设一个天地桌供上"百分"，来接福迎祥，所谓百分乃"诸天神圣全图"也，这种百分要到香蜡铺去请（其实是买，名之曰请）。百分之前要陈列一堂蜜供，天地桌的蜜供是五座为一堂，灶王神龛前蜜供是三座为一堂，蜜供有规律地叠起来。形式有圆有方，最高的尺码是四尺二寸，最小的尺码是七寸。最特殊的是东岳庙东岳大帝神座的蜜供，这堂蜜供多少年来都是掸尘会全体善信敬献的，足有六尺出头，是兰英斋一位师傅特技叠成的。据说一般方形蜜供，最高只能叠到五尺，这种六尺以上高度的蜜供，是很少见的。

北平大家小户过年非常重视自己在院里设的天地桌，如果谁家今年没设天地桌，就表示家境太差，这个年简直过不去啦！所以无论穷家富户都尽可能要设个天地桌，铺张从俭，那就看个人的财力啦！什么干鲜果品、馒头、素菜、年糕、聚宝盆、通草八仙、石榴元宝、红绒供花，都可以奢俭随心。唯独这堂蜜供，尽管小大由之，可是绝对不能省的，没有这堂蜜供，就不成其为天地桌儿了。有些饽饽铺会做买卖，家庭主妇会打算盘，一次拿大把钱请蜜供，有时钱不凑手，于是有个上蜜供会的组织。

蜜供会有从二月起十一月止十个月的会，也有从六月到十一月半完结的会，当然每月上会钱多的则蜜供尺码大，反之则尺码小。等会钱上足，一过腊月二十三祭完灶，饽饽铺就派人跟您联络啦，定规好了哪一天送蜜供，他们准时用藤筐，四周锦帘子围得严严的送到府上来，绝不误事。这种按月上会轻而易举，要是冬残岁暮，拿笔整钱来买一堂高大的蜜供，有钱的人家不谈，一般人家确实是一项不太轻的负担呢！有上蜜供会的办法，就等于现在的分期付款，蜜供的问题就解决了。天地桌上的蜜供，天天烟熏香燎，再加上西北风吹来的沙土，半个多月之后，等到撤供时，蜜供上沾满了香灰尘土，已经没法下咽。后来有人研究用薄纸糊成套，把蜜供套起来，到了撤供时候，不但孩子们可以大快朵颐，甚至于还可以把供尖分馈亲友。人们固然蒙受实惠，可是有人说笑话，不知道罩上纸套，上天诸位神佛，还能尝鼎一脔否？

蜜供做法虽然不难，可是叠成方形图，叠上六尺高，那就非有一种特殊手艺不可了，所以台湾用整座蜜供来祭神，现在还办不到，大概是没有这项手艺人吧。

财神爷琐谈

财 神 颂

财神手捧金元宝，世人见了都想要。
旧岁已随除夕去，春回大地在明朝；
剪下此图墙上贴，明天先见好预兆。
元宝本是黄金做，价值更比钞票高；
没它固然难度日，有它太多也不消。
巧取豪夺枉费心，画饼成空法难逃；
不如节俭多积蓄，快乐平安定到老。

记得小时候腊月二十三日祭完灶，第二天就把过年诸天菩萨、全份神祃到香蜡铺请回来了，请神祃一定要在祭灶之后，灶王爷上天奏事之后再请，否则尚未动身述职，就把他接回来，岂非笑话。请全份神祃除了诸天菩萨之外，还有协天大帝、增福财神、东厨司令、眼光娘娘、送子张仙、二十八宿诸位神祇。所谓当值的财神老爷，早在腊月二十四之后除夕之前就来到人间了。

据老一辈的人说，年根儿底下事情忙，早点把神祃请回来保险，万一把这茬儿忘了，到了除夕天擦黑，就有顽童挨家挨户吆喝送财神爷来了。反正一般人的心理，财是多多益善，多请一份财神爷也不过破费几文小钱。如果不打算搭理他，就喊一声"有啦"，那些小捣蛋也就不啰唆了；要没请财神爷愣说有了，那算欺骗神，这一年就甭打算财源滚滚万事如意啦。

从前三教九流每一个阶层人士，都供财神，所以各式各样的财神无不悉备，多数人家供的是玄冠朱服缁带素鞸，手捧元宝如意，神采灿然，好像利市天官的一位财神。也有人把协天伏魔大帝关老爷当财神供奉的。更有人把文武财神分列并祀的，据说文财神是纣王的诤臣比干丞相，武财神是黑虎玄坛赵公明。剖腹挖心的比干丞相是要与赵公明文武并祀的，一位无心，一位失明，两神合祀才能财源辐辏滚滚而来。

不论南北买卖家更有供五路财神的，领衔的是黑虎玄坛太乙真人赵公明，还有进宝郎君、招财童子等四配。想不到黑虎玄坛赵公明，既然名列武财神，五路财神又忝为班首，一人顶着两份香火，我想众多财神之中那位赵爷可算财神中之财神，最为富有啦。一心想发大财的朋友，应当多给这位增福财神多磕几个响头，必定能够有求必应。

北平广安门（俗称彰仪门）外，有一座五显财神庙，每年正月初二开庙。当年北平的各处城门一交子时就全部关闭，要交卯初才能开门。北平的买卖人，吃开口饭的艺人，以及八大胡同的姑娘们，都纷纷赶到广安门挨城门，等城门一开，大家一窝蜂似的，争先恐后赶到财神庙烧头一炷香，说是谁要烧了头炷香准保一年之内顺顺当当大吉大利。其实说穿了，这头炷香不用说城里头住的人赶不及，就是财神庙附近的住户也挨不上呢。因为这头炷香总归是庙祝们特权，谁也别想抢到他们头里去。人马车辆在城门洞前挤成一团，每年交通事故，总是一起跟着一起，官厅方面有鉴于此，特地核准广安门正月初二提早开城，可是交通秩序，车马壅塞照常，丝毫没有改善。后来有人建议正月初一到初二那一天，索性把广安门城开不夜，交通拥挤的情形这才缓和下来。

梨园行唱小生的朱素云、金仲仁两人都是这个五显财神庙的庙董。据他们两位说，五显财神是姓伍的兄弟五人，是岭南侠盗，生前偷富济贫，输财仗义，后来沦落京师。在他们故后，受过他们五位恩惠的人，打算醵资奉祀，又恐怕官府以淫祠滥祀批驳，所以就以五显财神为名盖了一座财神庙，让他们兄弟永受香火。因为正月初二是大爷伍元的诞辰，九月十七是祭日，所以就拿这两天算是庙期啦。

凡是去五显财神庙的香客，除了烧香祈福外，还有一个项目是借元宝。这种元宝是用硬纸壳做成元宝式样，分金银两种，给若干香敬，就可以换元宝一只。今年借元宝一只，明年还元宝一对，借金还金，借银还银，对本对利，一律奉行。明是钱买，愣要说借，元宝借回家来，都得高高在上供在神龛里头，明年再借就是加倍，节节高升，过不几年真就金银满库啦。有一年笔者看见四大名旦尚绮霞的令弟富霞装满了一马车的金银圆宝进城，兴高采烈地说是带福还家，那一年甫提准保吉祥如意财源茂盛呢！

当年正月初二到财神庙烧香还元宝，各色人等所用交通工具也是五花八门无奇不有，可是坐汽车的少而又少。因为广安门是北平比较荒僻的一道外城，交通流量不甚频繁的一条西南官道。广安门内大街的马路已经坑坎不平，出了城的马路更是嵚崎难走。该处地方为了便利香客，只好采取临时措施，黄土垫道，净水泼街，洋车走在上面固然舒坦，小毛驴跑起来也不颠得慌，最怕是四轮汽车风驰电闪而过，红尘十丈，蔽日遮天，这一阵黄沙，拉车坐车的，骑驴赶脚的，可就成了泥人儿啦。所以就是汽车阶级也要图个新年新岁皆大欢喜，免得汽车一过招得人人咒骂，尽可能也都换乘玻璃篷马车。坐马车也有好处，既可游春观景，又便浏览庙会风光。男女名伶，巨绅名流，加上绮袖丹裳的北里艳姬，更有素雅淳朴村姑野老点缀其间，上海人讲话所谓眼药塌足了。

又有人说，北方的五显庙，就是南方的五通神庙，可是当年在上海擅写小品文的郑逸梅兄说，苏州对门有一所飞阁圆拱、雕琢工巧的五显庙，是明代的建筑，每逢正月初五是一年一度的庙期，所有全城勾栏中人，都约妥自己的私相好前往五显庙祈福进香。有时浪子娇娃为了争风吃醋，吵架打斗时常酿成命案，到了清朝苏州府迫不得已只好把这座五显庙废了。北方五显庙供的是侠盗伍氏兄弟，南方五显庙祭的也是五位弟兄，可是姓冯而不姓伍。因为同是五位，所以通称五显，实际北伍南冯，互不相涉的。逸梅兄说之有据，当然不假。

记得老盖仙夏元瑜兄说过，他所认识的大善士们请他设计一座财神庙，屈指一算列位仙班的财神爷，已有十六位之多，打算多凑几位（大概是想让他们成立财神爷公会）。于是把古代善理财又爱国家的范蠡、计然、白圭、子贡四位先贤各上封号，晋爵财神。可惜当时在下没在当场，否则一定要提醒一声，计然他们三位是什么尊神？我莫宰羊，可是人家陶朱公，据在下所知，可早就叙列财神有案啦。

有一年笔者去海安看韩紫老（国钧），坐的是一只乌篷船，经过一个小镇叫奔叉，一苇所如，忽然轻寒斜雨衣履沾湿，只好弃舟登岸。我在丘墟枯井旁边，找到一所两进小庙，清磬摇穹，香烟袅袅，庙叫增福灵显宫，里头当然供的是增福财神。庙既称宫，想必是一座道观，应门的小童果然是个小道士，所供神祇，正是扁舟载美的范大夫。至于当地何以称鸱夷子皮为增福财神，小道士也说不出所以然来，料想奔叉人氏的想法认为范大夫善于操奇计赢，把他老人家晋爵财神，正是理所当然，跟夏盖仙的想法正是不谋而合呢！

来台后在某处看见旧王孙溥心畲画的一幅工笔财神，玄冠赤帻，犀环金带，撰袖素鞯，神采俊迈，蕴藉俨雅。上方还有溥氏亲自写的一段蝇头小楷"财神考"，大约有四百字。这幅画当然是溥二爷精心之作了，可惜当时赏鉴匆匆，未能细细地展读。以他的博解宏拔，定是剥草析羽另有一番说辞的。

　　当年有位不得志的艺人叫栗庆茂，他跟刘派须生高尘奎是同科的师兄弟，出科后因为外务太多，人又放荡不拘小节，不是上戏误卯，就是台上开撬，所以戏班都不敢领教，穷愁潦倒，沦落在天桥撂地卖艺啦。因为他是科班出身，玩意儿学得瓷实，不但文武不挡，而且六场通透。平常在天桥撂地唱唱，还真有整出京腔大戏，所穿戏装，所用道具，七拼八凑，光怪陆离，令人喷饭。可是他有一件平金苏绣寸蟒，平素深藏不露，不轻易拿出来亮相，每年逢到春节，他打听到凡是走马章台有名有姓的花花公子新正在八埠名花妆阁开果盒，他必闻风而至冠戴起来，或是跳个加官，或是勾个元宝脸的财神来个招财进宝，唱段"喜鸾迁"，所得红封，足抵在天桥唱个十天半个月的收入呢。所以新春正月在八大胡同里，栗庆茂是最受欢迎的活财神。

财神诞辰庆典，北方是正月初二，南方是正月初五。北方称初二是财神日，祭财神的供品是猪头、公鸡、鲤鱼。公鸡宰好拔毛，可是要留尾毛，鲤鱼要欢蹦乱跳的，活鱼眼睛上贴一张红纸。祭神完毕鲤鱼要拿去放生，这一年之内，才能驾福乘喜大吉大利。到了长江一带，财神日子一下就晚了三天，变成正月初五了，祭财神的供品，最讲究有用整席鱼翅席的，似乎南方财神的朵颐福厚比北方财神受用脑气多了。

　　从前梨园行有位唱铜锤的尹小峰虽然声若铜钟，可惜脸庞太窄，不管怎么勾脸，也没法显出魁梧奇伟架子来。因此他发誓收徒弟首要的条件是大脸盘虎背熊腰的年轻人。晚年他收了一个徒弟叫汪鑫福，仪容俊伟，体格高大，当时伶票两界净行中人都认为这位汪小弟是个杰出之才。可惜倒仓的时候没保养好，从此嗓音失润，一字不出，于是拜在翁偶虹门下专门学画脸谱。

有一年我们在协和医院药房大管事张稔年家吃春酒（张曾一度下海，效法金少山以花脸挑班唱了半年多），翁偶虹送了两幅财神脸谱，是他爱徒汪鑫福画的。每幅十二张脸谱，一共二十四位，其中居然有一位是绿碎脸，一位是蓝碎脸的财神。这二十四位财神爷不仅画得工致细腻，而且张张传神。翁偶虹对每一位财神都博涉旁搜，爬罗剔抉一一加以考证，一笔晋唐小楷，更是隽逸有致。可惜当时看来匆匆，事隔多年，只剩模糊印象，否则提供盖仙老兄建庙参考，岂不是更加热闹。

　　如此算来，我们中国财神竟然有两打之众，方今世界正闹能源荒，经济不景气，祈诸各位财神爷发发慈悲各显神威，早点儿做到民丰物阜，士饱马腾万众一心。大家一定忘不了晨昏九叩首，早晚三炉香来供奉各位财神老爷，仰答天庥的。

财神庙借元宝恭喜发财

　　农历新年，无论南北都有祭财神的习俗，不过哪一天是财神日，南北各异。南方是以正月初五为正日，北方是正月初二祭财神。北平最著名的财神庙在西南城角的彰仪门（正名"广安门"）外不远，这座庙虽然够不上层甍邃宇，金饰鳞甃，可是助善人多香火鼎盛，长年修缮得丹楹粉壁，彩错镂金，庙貌焕然。正月里北平大小庵观寺院，都各有各的施主善信前来礼佛，唯独彰仪门外的财神庙，凡是烧香还愿的人，都要赶在财神日当天才去，而且人人都想抢着烧头一炷香，好像去晚了就沾不上财气似的。其实烧头炷香是庙祝的特权，谁也抢不过他们的。从前一交子正，北平内外城一律关闭，五鼓天明再行开启，每年正月初二赶烧早香的，刚交子夜，就有人到城门口等开城了，由珠市口一直到彰仪门，整条大街人车杂错，挤得水泄不通。后来官厅为了顺应舆情，特别通融，初一晚上彰仪门索性通宵不关，城开不夜，彻夜通行无阻，可是从彰仪门到财神庙照样是车水马龙，一步一蹭，短短两三里路程，走上一两个时辰毫不稀奇。到财神庙去烧香还有个小门道，会烧香的人，香都是到了财神庙现买现烧，不懂诀窍的人自己带香去烧可就吃亏了，由于庙里的香炉虽然出名地大，但无论如何也容纳不了成千累万一封一封的高香往炉里插，所以烧香的人，好不容易挤到炉边，把香插上之后，庙里管香火的庙祝，随即把香夹出来掷到下面大香池里面去，随插随夹，可是善男信女总希望自己烧的香，在香炉里多烧一会儿，就能够多得上天庇佑，但是夹香的庙祝们都怀有偏心，你烧的香如果是庙里买的，他一望而知，就晚夹一会儿，若是香客自己带去的，他就夹得快一点儿，所以知道内情的善男信女，都要在庙里买香，这一天卖香的收益，足够他们庙众整年的嚼裹儿呢！

财神庙最大特色就是借元宝许愿，这也是别的庙里所没有的事情。庙里事先在纸铺里订做大量大小不等金银纸元宝，供在神前，到财神庙来烧香的人多数要买个元宝回去供奉，明明是多给若干香资买的，可是不准说买，要说是"借"或是"请"回去的。把元宝捧回家供在神案桌上不动，到了第二年去财神庙烧香还愿时，元宝要借一还二加倍奉还。当年梨园行有个武净沈三玉，每年正月初二必定到财神庙烧香借元宝，元宝越借越多，虽然纸元宝分量不重，可是从家里带着二三十个元宝到庙里去还愿也挺累赘的。后来被他想出一个巧妙办法，把元宝用小线穿起来绑在竹竿子上，让徒弟们扛着竹竿去烧香，有些人跟他开玩笑，说他太虔诚了，他说那比起拜香一步一磕头还差得远呢！从前有一首歌谣是冲着财迷借元宝写的，现在写出来聊博大家一粲：

只为人人想发财，山堆元宝笑开怀。

刚从纸店运出去，又被财迷取进来。

笔者对于人挤人地去祭财神借元宝，了无逸兴，可是对于回香人，无论男女老幼，头扎黄土头巾，插满藻绘复杂、五色涂金的绒花，觉得非常好玩。有一年说是曾在清宫内廷当差、专簇绒花的一位高手在财神庙表演扎绒花手艺，除了扎好的绒花外，他还现扎现卖。人是围得里三层外三层，他虽然坐在土台的高凳上，但仍然要踮起脚来才能看得到。巧妙熟练的手艺，一朵花三捏两弄，就大功告成。我正在聚精会神地看，忽然发现有人从我身旁挤过，动作急促怪异，细一留神，敢情是妙手空空儿正向一位少妇施展扒窃伎俩，谁知螳螂捕蝉黄雀在后，一位细高个少年用一挂山里红愣把小偷的双手锁住，手法干净利落不说，而且态度非常从容。细一打听，才知他是沧州鼻子李的传人，是财神庙请来的护法，他每年在财神庙庙会期间总要捉上二三十个小偷。庙里住持说："大家在新年新岁到庙里烧香祈福求财，若是让香客失物破财，岂不大煞风景。"所以每年到财神庙烧香的人虽然人山人海，可是遭扒窃的人还不多见呢！

白云观星宿殿祭星

　　北平最大的喇嘛庙是雍和宫，最大的道院是白云观。白云观在北平西郊，距离西便门两里多路，每年大年初一开庙，一直到正月二十五为止才关庙门，其中以正月初八星宿殿祭星、正月十九日会神仙，是庙会期间两个高潮。因为北平庵观寺院有星宿殿的只此一家，所以祭星那天香火特别鼎盛。

　　依据蒋一葵的《长安客话》记载："白云观，元称太极宫，内有长春子丘处机的遗蜕，真人年十九出家为全真，在龙虎山潜修，金世宗召入中都讲道，元太祖即位，聘至雪山之阳，与论为治之道，言欲得天下者，必在乎不嗜杀；及问为治之道，告以敬天爱民为本；问及长生之道，则以清心寡欲为要。太祖深契之，癸未乞还燕，封大宗师，掌管天下道教，使居太极宫，卒诏赠长春演道教主真人，正统三年，太极宫易名白云观。"

以上是丘真人跟白云观的一段历史。白云观从金迄清，论年代有一千多年历史，庙貌庄严，比江西龙虎山天师府的玉清金阙还要绚丽宏敞。观里第一层大殿供奉昊天上帝；第二层灵官殿供奉马魁胜、赵公明、温琼、岳飞，道家所谓四大元帅，康熙年间改祀关帝，可是大家仍旧叫祂灵官殿；第三进七真殿供奉道教全真派始祖王知明的七位高徒；第四进老律堂供奉道教始祖太上老君李耳，历代律师传戒，就在此殿举行；第五进是丘祖殿，中央供奉长春真人塑像，据说是古代塑像名手刘元传世精品之一，座下埋藏真人遗蜕，道家称之为"龙门祖庭"；第六进三清殿，飞檐雕甍，层楼隐天，供奉元始天尊、灵宝天尊、道德天尊三位神祇。

在白云观东北角最后一进，就是又叫星宿殿的星神殿了，殿内分上下两层，塑有各位星神塑像，昂首尻坐，努目颦眉，龙骧虎踞，各极其致。每年正月初八，天尚未明，就有人赶来抢烧头一炷香，一时人潮汹涌，烟雾弥漫，凡是香客一进大殿，便认定一位星宿，由左往右一尊一尊地往下数，譬如您今年五十六岁，就数到第五十六位，那就是您值年星宿了，在星宿神前许愿膜拜，保险您这一年平安顺遂。

还有一种简单顺星方法，那是聪明庙祝想出来的，他们在星座前早就贴上黄纸签儿，注明哪位星君是今年若干岁值年星宿，香客可免亲自数点之烦，认准之后，就在这位星宿座前烧香、许愿，给香钱、添香油，也算心到神知功德圆满啦！北平信奉道教佛教的人，对于初八祭星，都虔诚得紧呢！

还有一种不出门在自己家里祭星的方法，

从前行动不便的老年人、闺中少女少妇，恐怕到庙里烧香人太挤，也可在自己家里祭星。首先要准备一块三尺见方的青石板、一百零八枚制钱，用黄表纸把制钱一枚一枚裹起来，拈成灯花，在香油里浸透，然后排列在石板上，等星斗出齐，夜阑人静，将灯花全部点燃，然后焚香祭星。先祖母在世的时候，年年在家里祭星。自从来台，住的都是公寓大厦，欲祭无从，跟孙辈谈谈祭星盛况，等于是说古了。

北平年俗： 白云观顺星

北洋时期内务部所属坛庙管理处处长恽宝彝曾说："全中国的庵观寺院，只有北平西便门外白云观里，有一座星神殿，是绝无仅有供人瞻拜星宿的殿堂。"恽宝彝曾综理全国庙宇登记有年，又事必躬亲，所说自然言而有据。

依照星象家的说法，每个人每年有一位星宿值年，一年命运如何，全操在那位值年星宿手里。每年正月初八，是众位星君聚会之期，如果依时祷祭一番，自然获得星君的垂佑。

白云观的星神殿在庙的后进西北角，殿

内分上下两层，塑有各位星神坐像，有的庞眉皓发，神姿奕奕，有的犛麑虓笑，虎踞蛟腾。这些木雕泥塑、栩栩如生的法身，高度与人相若，据说皆出自名匠手雕。已故武生泰斗、一代宗师杨小楼常说："我的《铁笼山》"姜雄观星"、《林冲夜奔》"亡命走荒郊"两出戏里有若干身段，就是在星神殿打坐，潜思冥想触机而得，上得台来派上用场真是又利落又边式，那都是出自各位星君的慈悲呢！"

凡是到星神殿祭星的人，据说一进殿门，随便认定一位星宿，往右边一尊一尊地往下数，譬如说您今年正好花甲周庆，您就数到第六十位，再仔细端详那位星君的法身，仪容神采，跟您自己的长相，越瞧越有点仿佛。笔者每年正月初八逛白云观未进星神殿之前，很想今年一定要数数看啦，可是一进殿门就把这事忘得干干净净。

在清朝末年曾任步军统领的江朝宗，对

白云观的星神殿最感兴趣，他连着三四年到白云观顺星，一进星神殿就认定一座尊神，往右数到自己年龄，三四年居然同是一位尊神。所以江宇老每年到白云观顺星总是虔诚顶礼，丝毫不苟，民国二十四年用无名氏名义把星神殿众位星君的法身，重新装金黝垩、丹漆彩绘，焕然一新，谁又知道是江宇老的杰作呢！

还有一种简单顺星的方法，就是每位星神座下，贴有一张黄纸签儿，注明那位星君是几多岁的值年星宿。您认准后，就在那位尊神座下，烧香、磕头、许愿、给香钱、添灯油，也算顺星功德圆满。

欧美青年男女，对于白云观顺星，似乎也兴趣挺高。每年正月初八，多半也是争先恐后，丝鞭帽影骑驴而来，不知道他们是跟着进香的人起哄，还是他们是笃信宿命论的信徒。进到星神殿随喜，一个个指指戳戳，好像还挺诚敬的，数到自己的值年星君，也是口中念念有词，焚香膜拜。后来观里道士灵机一动，把每一位星神座下加注阿拉伯字码，这对欧美人士来进香，增加了不少便利，兴趣更浓，而道长们的荷包里，也就更丰盈了。

北平住家户儿，不愿意到白云观星神殿烧香祈福的，也可以在自己家里顺星，祝告值年星君保佑一家大小，一年到头顺顺当当。祭星当晚要等天上星斗出齐，家里人全在家，没有外客时，于是把预先准备好的供品排列在正院所设的天地桌儿上。灯花是用方孔铜钱做底，外面用黄白灯花纸裁成菱形包起来，在香油里浸润，吸足油分，然后放在陶泥做的灯碗（又叫灯盏）里，每盏酌添一点灯油，增加亮度。灯花黄色四十一盏，白色四十盏，一共八十一盏。据老一辈人说，盏数、颜色，都有讲究，不能乱来。可惜这个老妈妈论儿，笔者也记不起来是些什么典故了。

猜灯谜、拜三公

献金百万，买灯两夜，"五夜灯"由此而来

在我国岁时令节中，元宵节、中秋节是最富诗情画意的序令。夷考文献资料，元宵节导源于道家祭祀天、地、水三界尊神，又叫拜三公，也就是只奉三官大帝。时下台湾各大庙宇三官大帝塑像冕旒黼黻，执圭，完全是两汉以前帝王服饰，可资明证。

唐代定制，以正月十五为上元，七月十五为中元，十月十五为下元；上元祀天官（民间以尧帝至仁尊为天官，也就是天官赐福所由来），中元祀地官，下元祀水官。每逢这

三个节日，无论大陆各省还是台湾各大道观，全真羽士峥经，都以《三界经》为主，更可以证明古代文献记载，是其源有自的了。

照《汉书》记载上元行乐景象来看，西汉时代的上元灯节，已经相当热闹。依据唐书宋史以及明清历代典籍记述，上元花灯始于西汉，盛于唐宋，其后由于朝代之兴替盛衰，虽有繁简，然而习俗相传，延续了两千多年，始终没有间断的。

上元灯期，历代不同，民间庆节，习俗各异。唐代灯期原为正月十四到十六，到了唐明皇开元年间，改为十五到十七，前后灯期虽有变动，时限则仍为三天。宋代灯期，原本也是十四到十六三天举行，照《宋书》记载："太平兴国中，钱吴越王来朝京师，值上元节，献金百万，乞更买灯两夜。"从此灯期前后各增一天，改为十四至十八，因为花灯有五夜可看，当时人称"五夜灯"。金、元入主中原，因为习俗迥异，上元灯节官家兴趣缺缺，民间也就平平淡淡过去。直到明初，上元灯火才复旧观，当时初承大统天下升平，灯期越拖越长，到明武宗正德，灯期从正月初八到十七整整要闹上十天。到了清顺治御极，鉴于这种争奢斗侈，狂欢纵欲，上下交困，又逐渐恢复为五夜灯，不过民间狃于积习，除夕守岁已经开始张灯，到正月十八正式落灯，算起来前后灯期，也就接近二十天了。

民间庆节，各地习俗不同，灯期也就长短不一。黄河流域一些通都大邑，率多奉行五夜灯，十三"上灯"，十四"试灯"，十五"正灯"，十六"残灯"，十七"落灯"。江南各地灯期大都是十四至十六三天，也有延长到正月二十二的。在早年承平时期，灯期长的有湖南长沙，长沙的灯会，虽然只有五天，可是舞龙从初五舞到十五吃完正灯的午夜犒劳才能收歇。四川万县虽然没有舞龙，可是灯会带猜灯谜，从初六到十六，也要热闹上十多天，甚至要官府明令取缔，才肯偃

671

锣息鼓。江苏丹徒是等大家忙完拜年，从正月十一到二十这十天里才狂欢燕乐共闹元宵。福建的福州、浙江的建德，都是从正月十一闹到二十二，一共是十三天，算是灯期最长的两个地方啦。

以上所谈的都是清末民初各地闹元宵的盛况。到了抗战胜利之后，中国从农业社会逐渐步入工业社会阶段，各地庆元宵闹花灯的日期都先后改为正月十五所谓"正灯"当晚，大家热闹通宵，到了第二天，也就各回岗位，恢复正常工作了。

摆下"临光宴"，共谱夜光曲，撒下漫天花雨般的荔枝干

汉　正月十五上元，古称元夜，又叫灯节，俗称元宵节。至于元宵张灯，可以上溯到汉代。《西京杂记》说："元夕燃九华灯，照见千里，西都京城街衢，正月十五夜，敕许金

吾弛禁，前后各一日，谓之放夜。"

隋　元宵花灯，虽起源于汉代祀典，但汉代以后，魏晋南北朝，上元张灯的习俗还不十分普遍。到了隋炀帝，他是历代最会侈然自肆的皇帝，奇怪的是在典籍上，查不出有什么关于春灯的记载，只是御史柳彧有禁止元宵赏灯奏章云："窃见京邑，爰及外州，每以正月望日，充街塞陌，戏聚朋游，鸣鼓聒天，燎炬照地，竭资破产，竞此一时，无问贵贱，男女混杂，缁素不分，秽行由此而成。盗贼由斯而起，无益于化，有损于民。请颁令天下，并即禁断……"此一奏章，虽经隋文帝批准，亦仅禁于一时。此外隋炀帝一首《元夕于通衢建灯夜升南楼》观灯的诗，说明当时，又是通衢张灯开城不夜，供人观赏了。

唐　唐代上元，非但官家大事铺张，并且开市燃灯，与民同乐，永为定制。从武则天临

673

朝当政，权相赵州苏味道一首五律写元宵花灯盛况，可以窥见一斑。苏诗："火树银花合，星桥铁锁开。暗尘随马去，明月逐人来。游伎皆秾李，行歌尽落梅。金吾不禁夜，玉漏莫相催。"及至禅位中宗，中宗不但自己微服出宫观灯不算，甚至还带了皇后妃嫔出宫看灯，逛累了就在勋戚近臣家里歇宿。凡是在宫中操作勤奋的宫娥彩女，并准上元之夜相携出宫游乐，以示勉励。真正做到普天同庆、举国欢腾的境界。嗣后，睿宗继位，尽管他在位时间短暂，可是上元张灯，确十分火炽热闹。他在福安门外搭建了一座精巧绚丽的灯轮，高有二十余丈，金镂翠羽，明灯万斛，瑶林琼树，闳彩夺目，长安士女，倾城而来，裙屦如云，人影衣香，叹为观止。

唐玄宗在位初年，正是国势盛张、富强康乐阶段，唐明皇又是耽于逸乐的风流天子，当然上元张灯，更要超轶前朝，奇矞琼丽了。

他在长春殿摆设"临光宴"款宴耆旧近臣，让大家欣赏别具匠心的白鹭转花、黄龙吐水、金凫银燕、九芝献瑞、浮光洞、攒星阁、缥缈台、腾波屿各种千变万幻的灯彩，宴罢奏他跟梨园子弟共谱新声的《夜光曲》，撒下漫天花雨般的岭南荔枝干，让宫人们堕髻牵裳去你争我夺，一片柳弹莺娇的旖旎风光，然后分别赏给红圈帔、绿晕衫以为笑乐。

上阳宫结扎灯楼三十余间，楼高一百五十余丈，征召民间巧手灯匠"毛顺"扎成龙凤虎豹各形花灯，衔珠顾尾，腾踔奋翼，各极其状。其中并杂以玉箔叮当，微风过处清韵锵锵，人间天上，可算冠绝古今。凡事都是上有好者，下必甚焉。国舅杨国忠也是穷奢极欲、不甘后人的奸宄之徒，上元之夜，在府邸的房廊丹阶，遍插红烛，飞光射壁，令人目眩，大家称之为"千炬围"。韩国夫人也不示弱，做了一百多株枝繁叶茂的灯树，每株有数十丈高，竖立在高山之上，元夜点燃起来，大月高悬，繁星无量，烛照四野，比起美国白宫新年的圣诞树，雄伟壮丽只有过之，而无不及。

北宋灯烛媲美盛唐，而且可以机械操作

北　宋　北宋时代灯烛之盛，不但媲美盛唐，而且穷巧极工，甚且更迈前朝。汴京皇城前兴建"棘垣灯山"。所谓"棘垣"，乃编扎带刺荆棘为范围，有类现代铁丝网，限制闲人乱闯。垣内灯山，饰以木雕仙佛、车马、人物图像，掺杂迷离耀眼的灯彩。御街两侧，飞丸、走索、吞火、掷剑，歌舞杂陈，车驾巡行，百乐皆作，竞奏新声，御驾乘平头辇穿山登楼，御座左右朵楼，各排灯球一枚，方圆丈余，内燃如椽巨烛，照耀楼台，恍如白昼。中厅用藜蒲细草编成巨龙，披锦染金，障以轻纱薄幕，飞扬踥耀，烟云万状。两侧文殊普贤宝相庄严，跨青狮、御白象，指掌

伸屈，甘泉遍洒，足证早在北宋时期，就有人发明花灯用机械来操作了。

南　宋　虽然局处临安，偏安江左，可是元宵灯彩，比起北宋时期毫无逊色，从"棘垣灯山"已进步为"鳌山大观"。根据《乾淳岁时记》上说："元夕二鼓，帝乘小辇驾幸宣德山看鳌山，内侍推车倒行，以利观赏。山灯凡千数百种，华缛新巧，正中以玉箔金珠簇成'皇帝万岁'四大字。山上伶官奏乐，山下大露台百艺群工，竞呈奇技，缭绕于灯月之下。禁中更有琉璃灯山，其高五丈，攀演杂剧，戏文中人物，皆用机关操纵，此进彼出，川流游走。另于殿堂梁栋户牗间，辟为涌壁，作诸色故事，龙凤喷水，蜿蜒如生，遂为诸灯之冠。前后设玉幄帘，宝光花影，不可正视，宫漏既深，始燃放烟火……"照当时南宋跟金人隔江对峙，国势已危如覆巢累卵，君臣仍旧醉生梦死，粉饰升平，国家焉得不亡。

孕育当年孔明八阵图奥秘的"黄河九曲灯"

明　元人入主中原，风土习俗，与中土有异，元宵花灯，冷淡了近百年光景。自从朱明肇兴，定鼎金陵，又复重视花灯，而且把灯期延长，范围扩大，从陆地伸展到水上。《帝京景物略》说："明太祖初建南都，为彩楼招徕天下富商，放灯十日，（今北都灯市）起于初八至十三而盛，迄十七而罢。洪武五年上元，敕近臣于秦淮河燃水灯万盏，十五夜竣事。"使秦淮河上风光，为之增色不少。有人说："后来七月三十地藏王菩萨圣诞燃放河灯，便是从明代水灯演变而成的。"

　　皇帝喜爱观灯，民间如响斯应，乡镇农村也都盛张灯彩，于是陌头陇上，出现了"黄河九曲灯"。正月十一至十六，乡村好弄少年们，在陇亩间，缚秫秸作栅，遍悬各式花灯，栅内迂回曲折，千门百户，广袤达三四里。入者误不得径，即久迷不出，以为笑乐。黄晦闻先生说，他幼年在外家过年，他的小舅舅带他游过一次乡间的"灯帷子"，进去之后，周回屈曲，灯火明灭，如入幻境，据说就是明代流传下来的"九曲黄河灯阵"。其中孕育有当年诸葛孔明八阵图的奇门奥妙，所以一入其中，就让幻觉给迷惑了。

清 努尔哈赤在称霸辽东时候，在辖内东北各地每逢元宵节，也很热闹。从正月十三到十七军民同欢，通衢大道灯光星布、皎如白昼，车马塞途、几无寸隙，茶楼则低唱高歌，酒肆则飞觞醉月，笛簧鼓乐，喝彩欢呼，月色灯光，不觉其夜。

清代宫廷的"转龙灯"既与宋代之灯影草龙有异，跟现代的舞龙也不相同。清代每于元宵灯节，在宫廷置酒兴会，赐宴外藩，一方面大放烟火，一方面展开转龙灯。一支灯队多达千人，每人手举一支竹制丁字尺形灯架，架上各挂两盏红灯，蜿蜒舞动，时变队形，在黑夜里，虽有月光，不见人影，宫里南北长巷平坦广袤，舞动起来，只见红灯上下浮动，矫若游龙，至为壮观。他们变幻花式甚多，一面唱歌，一面飞舞，最后将红灯排成"天子万年"或"太平万岁"作结束。后来富连成科班排演《薛刚闹花灯》，就由内监高四指点，加入这项灯，因为舞台面小，五六十个小孩在台上排灯，未免碍手碍脚，可是一般观众，已经觉得灿烂新奇了。

阿四头的"爬拜香""倒马桶"，神态逼真，令人发噱

上元张灯既由官家率先倡导，民间花灯自然各运巧思，争强斗胜。苏州的走马灯，用粉连纸或细丝绢糊制多角式灯笼，中插明烛，四周把绘制的戏剧人物，用铁丝穿

在轮轴上，火气吹动轮轴此出彼进，运转不息。有一个裱糊匠叫阿四头的，心灵手巧，做的戏出"怕婆顶灯""背凳""爬拜香"，三百六十行的"捏脚""取耳""倒马桶"，神态逼真，令人发噱。此外尚有"琉璃球""云母屏""水晶帘""万眼罗""翠虬绛螭"，色兼列彩，叹为观止。

广东元宵灯的华丽，更是早已驰誉全国。广州的走马灯，固然糊得细腻工致，跟苏州的一时瑜亮，难分轩轾。就是佛山的秋色灯、大良的金鱼灯、潮州的锦屏灯，也都巧夺天工，各具特色。秋色灯有所谓针口灯，是用薄纸板糊成各式灯形，用粗细不等银针，戳出小孔，映出人物、翎毛、花卉、诗词、联语，有的制成灯虎，射中有奖，锦心妙手，玲珑剔透，悉出璇闺雅制。甚且有些士女，因打灯虎而缔结良缘的，给上元令节，平添不少佳话。大良鱼灯，是用竹篾、锦绢裱糊而成，鱼鳞是用明决一片一片粘上去的，当地有个风气，看鱼灯要数一数鳞片多寡，要生动逼真，才能许为上品。湖州锦屏灯是以桂竹为屏架，铁丝来支撑，饰以缇绣彩缎装点，全是粤剧生旦净末丑人物，宫装襟袖，赤帻戏冠，制作之精，无与伦比。当年京剧名伶马连良唱《甘露寺》乔玄的香色蟒，据他自己说，就是从潮州锦屏人物服饰的色彩学来的呢！

北京是三代皇都，元宵花灯自然也特别考究，而且有的地方特别新颖别致。例如姜店的冰灯、城隍庙的火判，一个冰清玉洁，一个煦照熊熊，都是别处做不出来、看不到的。当年城南游艺园举行元宵花灯大会，经理彭秀康特出重金请廊坊二条灯铺的巧手工匠，照《三国演义》的回目，绘制了一套工笔人物的纱灯。元宵那天，大家都拥到城南游艺园看灯，第二天清洁工人在园里清扫出两箩筐绣舄革履，盛况如何，概可想见。后来执绸缎界牛耳的八大祥，每家订制了一套工笔人物纱灯，包括了六才子书、公案书、英雄传，廊坊二条的灯铺都发了点儿小财。而有些年轻画工，画工笔人物有前途，另行投师学画，后来在北平画坛上很有几位成了画坛上工笔仕女、仙山楼阁高手，连他们自己，也非始料所及呢！

台湾上元闹花灯的习俗，跟大陆完全一样。台北万华的龙山寺、青山宫，新竹的城隍庙，北港的妈祖庙，每年都有新奇花灯展出。近年来台湾花灯已经从精细手工艺步入电动机械化。有位对制作花灯有兴趣的王斌狮先生，他的作品，曾被台湾观光局选送国外展览，现在已成为花灯制作专家。现在各地花灯采撷的题材，从中国固有的四维八德，进而表现社会繁荣实况，无形中激励国人发愤图强精神，不像以前朝代元宵观灯完全是逸乐享受了。

元宵细语

　　刚过农历新年，一眨眼就是元宵节了，元宵节吃元宵，宋朝时就颇为盛行，不过当时不叫元宵而叫"浮圆子"，后来才改叫元宵的。中国各省大部分都吃元宵，可是名称做法就互有差异了。北方叫它元宵，南方有些地方叫汤圆，还有叫汤团、圆子的。南北叫的名称不同，做的方法也就两样。拿北平来说吧，不时不食是北平的老规矩，要到正月初七准备初八顺星上供才有元宵卖。至于冬季寒夜朔风刺骨，挑着担子吆喝卖桂花元宵的，虽然不能说没有，可是多半在宣南一带，沾染了南方的习俗，西北城的冬夜，是很难听见这种市声的。

北平不像上海、南京、汉口有专卖元宵的店铺，而且附带消夜小吃，北平的元宵都是饽饽铺、茶汤铺在铺子门前临时设摊，现摇现卖。馅儿分山楂、枣泥、豆沙、黑白芝麻的几种，先把馅儿做好冻起来，截成大骰子块儿，把馅儿用大笊篱盛着往水里一蘸，放在盛有糯米粉的大筛子里摇，等馅儿沾满糯米粉，倒在笊篱里蘸水再摇，往复三两次。不同的元宵馅儿，点上红点、梅花、卍字等记号来识别，就算大功告成啦。这种元宵优点是吃到嘴里筋道不裂缝，缺点是馅粗粉糙，因为干粉，煮出来还有点糊汤。

南方元宵是先擀好了皮儿，放上馅儿然后包起来搓圆，所以北方叫"摇元宵"，南方叫"包元宵"，其道理在此。

南方的元宵，不但馅儿精致滑香，糯米粉也磨得柔滑细润，而且北方元宵只有甜的一种，南方元宵则甜咸具备，菜肉齐全。抗战期间，凡是到过大后方的人，大概都吃过赖汤圆，比北平兰英斋、敏美斋的手摇元宵，那可高明太多了。

在宣统未出宫以前，每逢元宵节，御膳房做的一种枣泥奶油馅儿元宵，上方玉食，自然加工特制，其味甜醲，奶香蕴存。据说做馅儿所用的奶油，是西藏活佛或蒙古王公精选贡品，所以香醇味厚，塞上金浆，这种元宵当然是个中隽品。

上海乔家栅的汤圆，也是远近知名的，他家的甜汤圆细糯甘沁，人人争夸，姑且不谈；他家最妙的是咸味汤圆，肉馅儿选肉精纯，肥瘦适当，切剁如糜，绝不腻口。有一种荠菜馅儿的，更是碧玉溶浆，令人品味回甘，别有一种菜根香风味。另外有一种擂沙圆子，更是只此一家。后来他在辣斐德路开了一处分店，小楼三楹，周瘦鹃、郑逸梅给它取名"鸳鸯小阁"，不但情侣双双趋之若鹜，就是文人墨客也乐意在小楼一角雅叙谈心呢！近来也有这类汤圆应市，滋味如何不谈，当年花光酒气、蔼然如春的情调，往事如烟，现在已经渺不可得了。

洪宪时期还有一段吃元宵的笑谈。袁项城谋士中的闵尔昌，在袁幕府中是以爱吃元宵出名的，时常拿吃元宵的多寡跟同僚们斗胜赌酒。有一天，闵跟几位同人谈说前朝吃元宵的故事，正谈得眉飞色舞兴高采烈，想不到项城一脚踏进签押房，听到连着几声"袁消"，这下犯了袁皇帝的忌讳，又碰巧日本人处处找他的别扭，心里正不愉快，想整整闵尔昌，拿他出气。幸亏内史杨云史看出苗头不对，他花言巧语三弯两转，于是袁下了一道手令，把元宵改叫汤圆。北平人叫惯了元宵，一朝改叫汤圆，觉着不习惯也不顺口。前门大街正明斋的少东家，元宵节柜上买卖忙，帮着柜台照应生意，顺口说了一句"元宵"，偏偏碰上买元宵的是袁项城手下大红人雷震春，挨了两嘴巴不算，另外还赔了二百枚元宵。等洪宪驾崩，第二年灯节，正明斋门口，一边挂着一块斗大红纸黑字的牌子，写着"本铺特制什锦元宵"八个大字，"元宵"两字写得特别大，听说就是那位少东的杰作呢！

北平梨园行丑行有两位最爱作弄人的朋友，殷斌奎（艺名小奎官）、朱斌仙，他们两位都是俞振庭所办斌庆科班同科师兄弟。有一天他们师兄弟正好碰上富连成的许盛奎、全盛福哥俩儿也在前门大街摊上吃元宵。朱斌仙知道外号"大老黑"的许盛奎能吃量宏，又是草鸡大王脾气，他一冒坏，可就跟师兄说山啦。他说："人家都说咱们北方人饭量大，其实也不尽然，就拿吃元宵来说吧，人家小王虎辰，虽然是唱武生的，可是细臂膊腊腿的，怎么也看不出他食量惊人。我在郑福斋亲眼看见他一口气吃了四碗（每碗四枚）黑芝麻元宵，另外还找补两个山楂馅儿的，一共是十八只元宵，让咱们哥俩儿吃，也吃不下去呀！"说完还冲"大老黑"一龇牙。在毛世来出科应聘到上海演出时，许盛奎给他当后台管事，对于小王虎辰，许盛奎并不陌生。这一较劲不要紧，一碗跟一碗，一会儿五碗元宵下肚，比王虎辰还多吃两只。可是一回家就一会儿跑一次茅房，足足折腾了一夜。第二天园子里《胭脂虎》里的庞宣只好告假了，后来是毛世来偷偷告诉了记者吴宗佑，这个故事才传扬出来。

在光绪末年做过直隶总督，袁项城的亲信杨士骧，四五岁的时候，有一年元宵节，全家团聚一起吃元宵。小孩贪食，积滞不消，由小病转为大病，后来医治无效，驯至奄奄一息，只好由奶妈抱到外客厅，等小孩一咽气，就抱出去埋了。碰巧这时候有一个送煤的煤黑子从客厅走过，问知原委，他说他可以治治看，死了别恼，好了别笑。奶妈知道小孩已经没救，姑且死马当活马医，便让他试试看。煤黑子要了一只生得旺旺的煤球炉子，从怀里掏出有八寸长的一根大针来，针鼻儿上还缀着一朵红绒球，红颜色几乎变成黑颜色了。他脱下两只老棉布鞋，鞋底向火烤热，把针在鞋底上蹭了两下，就冲小少爷的胸口剜下，告诉奶妈注意只要瞧见绒球一颤动，马上告诉他。他说完话，就倒坐在门槛上，吧嗒吧嗒抽起旱烟来。约有一袋烟的工夫，绒球忽然动了一下，过了几分钟绒球抖颤不停。他估摸是时候了，于是把小孩扶得半起半坐，在后脑勺子上拍了一巴掌，跟着在胸口上一阵揉搓，小孩哇的一声哭出一口浓痰，立刻还醒过来，接着大小解齐下，小命从此就捡回来了。这是开府东三省杨士骧幼年吃元宵几乎送命的一段事实。

杨家是美食世家，杨府也有清末民初烜赫一时的名庖，后来他到玉华台当头府，据他说，杨府最忌讳人家送元宵，每年元宵节杨家都是吃春卷而不吃元宵的。后来杨毓珣娶了袁皇帝的三公主，夫妇二人都不吃元宵，大概是其来有自的。

北平是元明清三代的国都，一切讲求体制，所以也养成了吃必以时、不时不食的习惯。不到重阳不卖花糕，不到立秋烤涮不上市，所以上元灯节正月十八一落灯，不但正式点心铺不卖元宵，就是大街上的元宵摊子也寥若晨星啦。一进二月门你想吃元宵，那只好明年见了。虽然北平一过正月就没有卖元宵的了，可是也有例外。德胜门有座尼姑庵叫三圣庵，庵里的素斋清新淳爽，是众所称道的，尤其是正二月到庵里进香随喜，她们都会奉上一盂什锦粢团款待施主的。名为粢团，实际就是什锦素馅儿元宵，吃到嘴里藕香淑郁，莛若椒风，比起一般甜咸元宵，别有一番滋味。当年八方风雨会中州的吴子玉的夫人，就是三圣庵的大施主，只要在正月里到什锦花园吴玉帅府上拜年，跟玉帅手谈两局，大概三圣庵的什锦元宵就会拿出来饕客了。来到台湾二三十年，每年元宵节前后，大街小巷，到处都是卖元宵的，足证民丰物阜，想吃什么有什么。

闲话元宵

　　农历正月十五日上元节，又叫"元宵节"。中国的习俗，从北到南，元宵节那天都要吃元宵。吃元宵来源甚古，据说从北宋时期就颇为盛行，不过最初不叫"元宵"而叫"浮圆子"，到了明朝才改叫"元宵"的。中国南北各省虽然都吃元宵，可是做法名称各有不同，北方叫"元宵"，南方有些地方叫"汤圆"，还叫"汤团圆子"的。袁世凯洪宪登基，因为"元宵""袁消"谐音，口彩不佳，愣是下手令，勒令大家改叫"汤团"。北平九龙斋没留神，写了一张"新添什锦元宵"的红纸条在门口，还被军警督察处传了去臭揍一顿，一时传为笑谈。

　　北方卖元宵，只有甜的，元宵馅儿不外是白糖、桂花、芝麻、豆沙、枣泥几种。南方花样可多了，鸡肉、菜肉、鸡油、什锦，花样百出。有位北方人初次到南方，有人请他吃鲜肉元宵，他认为江米小枣才叫粽子，芝麻枣泥馅儿才是元宵，无论怎么让，绝不进口。他自命择善固执，其实是无此口福罢了。到现在如果让年纪大的北方人吃菜肉元宵，他们还觉得怪怪的呢！笔者虽然生长北方，可是饮食方面绝不自设藩篱，有所偏袒。南方元宵是先擀好糯米粉皮子，不论甜咸馅儿包好搓圆，北方则把馅儿先做固体四方块，放在盛有江米粉（糯米粉）的簸箩浸水摇晃，再浸再摇，元宵馅儿由骰子块儿沾上江米粉外衣，由方而圆。这种元宵圆则圆矣，可是板滞而不松软，比起江浙元宵外皮的松糯，实在觉得北逊于南。北平正明斋饽饽铺有一种奶油元宵，馅里掺有奶油（实际就是蒙古运来的牛油，经他们加工提炼之后，就叫它奶油），煮出来的元宵自成馨逸，表里莹然。此外还有天津旭街桂顺斋的蜜馅儿元宵，纯用蜂蜜加上白葡萄干、青红丝，甘旨柔滑，别有一种风味。以上两种元宵，算是北方元宵的隽品，至于一般元宵，凭良心说，北方元宵太粗糙，实在不如南方元宵细腻多姿呢！

苏州有一家茶食店叫"悦采芳"，据说是采芝斋分店，以玫瑰水炒出名。所谓玫瑰水炒就是玫瑰瓜子，您到店里买玫瑰水炒，店里就知道你是苏州当地人了。春节他们店里添上玫瑰元宵，元宵煮出来非常小巧，吃到嘴里兰熏越麝，别具柔香，足以证明苏州是懂得吃而会吃的地方。上海乔家栅的汤圆也是驰名京沪的，马超俊任南京市市长时，有一年请市府同人过春节，用乔家栅汤圆请客传为美谈，从此乔家栅声名更盛，甚至国际友人也闻其大名呢！乔家栅的元宵馅甜的蜜渍香泛，溅齿流甘；咸的膏润芳鲜，腴而不腻。另外有一种鸡肉荠菜馅的，浆溶碧液，更为鲜美，擂沙圆子细色异品，只此一家允称上味。抗战期间，有些食客到市区乔家栅吃汤圆，不耐日兵盘诘，于是在辣斐德路开了一家分店，小楼三楹，琐窗深映，不僻不嚣，最宜清谈，双双鶼鲽，固然趋之若鹜，上海一般文艺界朋友，也不时在此雅集。郑逸梅、周瘦鹃几位文坛健笔，给它取名鸳鸯小阁。老板为讨好顾客，所做甜咸汤圆，取材选料，无不精益求精。回想当年累茵而坐，香醑宴宴那种豪情逸兴，不管汤圆的滋味如何，前尘若梦，此时此地已是渺不可寻了。

江苏泰县近郊，有个小城镇叫忠保庄，河汉浃渫，盛产紫蟹，膏腴肉满，有一家奇芳斋平素卖早茶，点心则以小笼包、饺、白汤面为主，春节之前，添上蟹粉元宵，只限堂吃，煮熟元宵夹起来蘸一种特制香菜卤子来吃，金浆腴美，远胜玉脍鲈羹。当年名噪一时的电影女星杨耐梅，曾经专程渡江到忠保庄来吃蟹粉汤圆，回到上海，盛夸奇芳斋的蟹粉汤圆如何腴美，所谓陋巷出好酒，想不到荒村野店，居然有这种绝味。明星电影公司郑正秋，是最爱吃大闸蟹的，久慕忠保庄的熬蟹油出名，听了之后更是馋涎欲滴。可惜春节左右公司业务太忙，实在无法分身，于是特地派他少君郑小秋跟媳妇倪红雁过江到忠保庄去买到上海来解馋。无奈奇芳斋老板坚持这种蟹粉汤圆只限堂吃，向不外卖，后来经人打圆场说了若干好话，并且告诉他，是上海电影公司老板慕名而来，才破例卖了六十枚蟹粉汤圆、一罐香菜卤子。回到上海，虽然有几枚因舟车辗转皮破膏溢，味道已差，然而郑正秋吃过之后，仍自赞不绝口，认为花费了若干川资，能够吃到如此精彩的汤圆还是值得的。

四川成都小吃既多且精，是可以跟北平媲美并称的。抗战期间凡是住过成都的人，每逢上元佳节一吃元宵，没有人不想到"赖汤圆"的。他家原本是总府街毫不起眼的一家小吃店，楼下是仅可容膝、厨房带铺的格局，楼上是包汤圆的作坊。包好的汤圆，用木制的提筐，从楼板上的方洞里降落下来，绳子上系着几只小铃铛，叮当叮当通知楼下灶上的人接住，比起现在台湾饭馆出菜，用音乐电铃叫人，那简直落伍多啦。赖汤圆鸡油汤圆，馅子确实用的纯净鸡油，汤圆咬开馅儿里有一层莹如玻璃的透明油脂，味清而隽，入口便能觉出绝非猪油。

台北去年有一家汤圆以成都赖汤圆为号召，慕名前往，全都失望而回，不久也就关门大吉。现在台北随时随地都有元宵可吃，或摇或包，馅儿种类也颇齐全，可是您要吃一份儿细色异品奶油蜜馅，或是乔家栅、赖汤圆一类汤圆，那是梦想。不知道大陆还能不能吃到早年那种芬芳似桂、膏润芳鲜的元宵了。

烙春饼、蒸锅铺、盒子菜

　　按照北平的旧习俗，每年一过上元灯节，这个年就算过完啦。有些出门在外，来不及赶回家过年，或者是有孝服在身，怕人家忌讳，不拜年又怕老亲老友挑眼，说是不懂礼貌，所以拜晚年的，还是所在多有。北平人有一个不成文的规定，只要青草没高过驴蹄，在清明节之前给亲友去拜年，人家还照样要按新年来客人一样款待的。

　　北方民风朴素，灯节一落灯，各行各业一律恢复旧常，居家过日子，每天三餐当然也一仍旧贯，恢复粗茶淡饭的生活。北方春晚，从灯节过后到清明之前，要是来了拜晚年的远客，最省事就是烙点春饼叫个盒子菜来招待。北方住家户，什么家常饼、葱花饼、发面饼、油酥饼，有的用平底铛，有的用支炉（北平斋堂出品，与砂锅同为京西特产），可是要提到吃春饼，除非家里有大师傅，否则十之八九，都要照顾蒸锅铺了。

提起蒸锅铺，也是别地没有的一种行当，既然叫"蒸锅铺"，自然是以蒸食为主啦。除了卖蒸馒头外，每天清早天没亮，还要蒸上大批豆沙三角、豆沙包、红糖白糖的糖三角、开花馒头、混糖馒头，还有椒盐的咸卷子，供应小贩批发了去沿街叫卖。此外代客蒸寿桃或是您自己拌好馅儿，送到蒸锅铺去蒸，按个儿收点儿费用，也是他们工作之一。蒸锅铺蒸的包子，形态跟一般包子不同，都是高桩式，包子上的褶子，纹路细而且密，连包子上的红点，人家都是有讲究的。猩红一点，明艳晶亮，老北平一看就知道是出自蒸锅铺的杰作。

北平的蒸锅铺除了蒸食，跟念经放焰口的护食江米人之外，还有烙饼、芝麻酱糖饼、脂油葱花饼。您自备麻酱、红糖、脂油、葱花也可，让他代办也行，烙出来的饼，那比咱们自己烙的可高明多啦。谈到烙春饼，更是蒸锅铺的拿手活儿，他们烙春饼面粉以斤为单位，每两张合在一起叫一合。照春饼的大小，分为八合、十合、十二合三种，合数越多，张数越少。每斤烙十二合算是最小的春饼，再小就没法卷盒子菜，只能卷烤鸭吃了。

民国初年虽然洋白面用机器切大行其道，可是有一部分人仍然觉得抻条面有咬劲又挡口（北平话耐嚼的意思）。大多自己家里不会抻，于是抻面条的成了蒸锅铺营业项目之一了。吃把儿条炸酱面，一定要锅儿挑（北平不过水的面叫锅儿挑），面味酱香才能发挥出来，所以小碗肉丁肉末干炸，也就一并拜托蒸锅铺代办啦。

讲究人家吃春饼，除了炒个和菜，摊一盘鸡蛋，来盘韭黄炒肉丝之外，盒子菜是必不可少的主菜。北平一般酱肘子铺都代卖盒子菜，西城最有名的属天福号、泰和坊，东城的宝华斋，北城的庆云楼，南城的便宜坊都是赫赫有名的。盒子菜品质粗细有别，种类有多有少，一只盒子里最少是七种，最多有十五种的，当然在价码上也就不大相同啦。从前在大陆京剧里有一出玩笑戏叫"送盒子"，讲述一家少妇请人吃酒，让盒子铺送一只盒子菜来，跟送盒子的小力笨拌牙涮嘴，诙谐百出。不过其中有几句双关语，比较黄色，如果能够加以删除净化，倒不失为一出消痰化气的好戏。近来京剧舞台演出的《打面缸》《双摇会》《小过年》《连升三级》，都能赢得全场笑声，可以证明这一类通俗小戏，比起一唱就是二十来句反二黄的大戏，较易让大众接受。

北平名票莫敬一（须生）、世哲生（武

生）都是讲究吃喝的，经常在月牙儿胡同票房消遣。有一年春节过后，票房第一次响排，散戏之后，莫、世两位约我一块去吃春饼，说是王华甫（小丑）、玉静尘（老旦）在烟袋斜街醉仙居等着我们。当时我想醉仙居是个二荤铺，哪儿来的春饼吃，就是有也高明不了，既来之且安之。等到了醉仙居，王、玉二位已经落座喝茶，等候多时了，王华甫对我说："今天让您吃一回各别另样的盒子菜。"等盒子一上桌，尺寸比一般盒子大而且高，素漆绯丹，古色古香，跟一般的彩绘迥然不同。菜色虽只有九样，可是菜格的木托上没有什么龙纹凤彩，画的都是些平沙无垠、牛群牧马、赤帻戎冠的游猎人物。群菜也普普通通，只有一样拆碎的熏雁翅，虽然熏得很入味，可是雁翅是从来不上盒子菜的。主格里好像是一式小个儿的炸虾球，又像虎皮鸽蛋，吃到嘴里柔酥松美，究竟是什么珍味玉食，可真把笔者考住啦。

莫敬老说:"盒子菜是隔邻一家叫晋宝斋盒子铺特制的'敬菜'。晋宝斋是多年老字号,因为要清铺底报营业所得税,托莫敬一的表弟会计师陈同文给清理,才发现晋宝斋在元朝至正年间就开业了。折算结果缴纳营业税,所得税给省了若干税金,这是人家柜上的一点敬意。盒子虽然不一定是当年故物,可是也可以确定不是晚清产品。至于主格像虎皮鸽蛋菜式,是牛的睾丸,那是晋宝斋祖传的一味菜式,因为原料难求,这次是特地一显身手,以酬高宾的。据说在元朝建立大都烟袋斜街一带,附近有什刹海、积水潭,荷香十里,溪流映带,正是元朝消夏避暑胜地。晋宝斋的铺东名叫'伊克楞得',当然是蒙古人无疑了。"听了莫敬老这一番话,才知道这一顿含有历史的春饼,吃得太名贵了。

来到台湾已有三十多年,大陆小吃也陆陆续续日渐增多,什么南京板鸭、北平熏鸡、保定熏肠、镇江肴肉……在台北都能吃得到嘴。现在春风骀荡，仍透嫩寒，正是吃盒子菜卷春饼的季节。目前台北的北方馆，最保守的估计，也有百十来家，可是您打算吃一次正式盒子菜卷春饼，可能目前哪一家也备办不出来呢!

咬 春

　　"咬春"这个名词听起来很典雅，可是又有一点耳生，其实说穿了就是吃春饼，又叫吃薄饼。春打六九头，年也过了，节也过完，以北平习俗来讲，年轻儿媳妇们忙了一个正月，一进二月门，二月初二，娘家人也该接姑奶奶回娘家享享福了。接姑奶奶的头一顿饭必定是吃薄饼，名为咬春，师出有名，就不怕婆婆说闲话了。

　　北平一年春夏秋冬，四季分明，吃东西更是遵循圣训，不时不食，不管吃什么都讲究应时当令。春饼正是应时当令的吃儿，北平大家小户，都要应应景儿来咬春。因为吃春饼的花费可大可小，菜式也可多可少，一大盘合菜再来盘摊鸡蛋，配上甜酱、大葱，三五知己，据案大嚼，也能吃个痛快淋漓。

笔者虽然吃过上方玉食的春饼，可是研究起来还比不上大律师桑多罗家春饼来得细致讲究。桑大律师家住北平西单牌楼白庙胡同，他健饭好啖，所以吃成体重超过一百公斤的大胖子，平日酒菜固然羹炙精美，而吃起咬春的薄饼来，作料的齐全考究，简直是一般家庭没法比的。

北平人吃薄饼，讲究到蒸锅铺去烙，一斤面烙出饼来分八合、十六合两种。两页为一合，烙的时候，中间用小磨香油涂匀，既取其香润，又便于撕开，东北老乡叫这种饼为"单饼"，其实是双而不单。现在台湾的北方馆都叫它"单饼"，有些年轻跑堂的，您跟他说薄饼，他真能把撕不开的卷烤鸭子的饼端上来，愣说是薄饼呢！

据桑大律师说，他只有兄弟没有姊妹，

无法接姑奶奶咬春，只好请些好啖的朋友一同咬春啦。吃春饼的饼，大小、厚薄、软硬都要恰到好处，用油多少、烙的老嫩尤为重要。报子街把口有一家蒸锅铺叫"宝元斋"，以烙叉子火烧驰名，他家烙的薄饼经过桑大律师几次指点改正，在西半城说起来，可算头一份儿啦。

当年江苏督军李秀山（纯）退休后住在天津，每年请春酒的春饼，必定派专人到北平订做。吃薄饼不可或缺的是羊角葱、甜面酱，腊尽春初，北平的羊角葱还不十分茁壮，桑多罗曾经仗义给山东章丘一位姓鲁的当事人打赢一场漂亮官司，鲁家章丘的菜园子在白云湖边，土肥水甜，生产的大葱一根足足四尺来长、八斤多重，葱白一节甜而且脆，可以拿来当水果吃。鲁家每年年前总要派专人选点儿自家园里的大葱跟自己做的甜面酱送来，这给桑府的薄饼增色不少。也可以说北平任何一家的薄饼，也赶不上桑府的酱鲜葱脆。

现在吃薄饼讲究来个炒合菜带帽，把绿豆芽、菠菜、粉丝、肉丝、韭黄一炒，摊一个鸡蛋饼往菜上一盖就算完事。其实所谓合菜是大有讲究的，先把绿豆芽掐头去尾，用香油、花椒、高醋一烹，另炒单盛，吃个脆劲，名为闯菜。合菜是肉丝煸熟加菠菜、粉丝、黄花、木耳合炒，韭黄肉丝也要单炒，鸡蛋炒好单放，这样才能互不相扰各得其味。至于薄饼里卷的盒子菜花样可多了，桑家卷饼一定有南京特产小肚切丝，另加半肥半瘦的火腿丝。熏肘子丝、酱肘子丝、蔻仁、香肠必定用天福的，炉肉丝、熏鸡丝、酱肚丝一定要金鱼胡同口外宝华斋的。这一顿咬春的薄饼，有谁家能东跑西颠备办得像桑家那样齐全呢！每年桑大律师家这顿咬春吃薄饼的盛会，因为桑律师对皮黄兴趣极浓，吃完薄饼，总要来点余兴，所以这一餐总少不了言菊朋昆仲跟玉静尘、王劲闻几位名伶名票。有一年言菊朋把奚啸伯、奚叔偶兄弟带来，别看奚啸伯沈郎腰瘦，可是食量特佳，卷得鼓鼓膨膨的春饼，他能一口气连吃八九卷，全桌食量他可算是鳌头独占了。

　　清宫当年时常赏赐丹臣近侍咬春吃薄饼，虽然豕腊千味，有胘有脯，可是不配葱酱，曾蒙恩赏在内廷吃过薄饼的人，无不视为畏途。现在吃薄饼好像炒合菜带帽，认为必不可少的饼菜、闯菜固然没人知道，应当卷点儿什么盒子菜，更没人理会了，回想桑大律师府上吃薄饼排场讲究，简直是前尘如梦，令人有不胜今昔之感了。

太阳糕

　　前两天跟几位北京朋友小酌，其中有一位突然问我，您吃过太阳糕没有？太阳糕有点儿什么典故？我说："全国只北京农历二月初一有太阳糕卖，把白米磨成粗粉，团好塞在木头模子里，做成有花纹的面饼，五枚一层，顶上一层插上一只五彩缤纷、用江米面捏的小公鸡，五只算一堂，买来祭太阳神的。所谓太阳神，实际就是明朝的最后一代皇帝思宗（崇祯）。在清人定鼎中原时，一般老百姓认为崇祯非亡国之君，死得又惨，民间怀念故君，所以托词为太阳神做太阳糕来祭祀他。"

有一年因为吃太阳糕，跟民俗专家金受申君谈到太阳糕淡而粗劣，实在难以下咽，为什么不做得好一点。金说："太阳糕是蒸锅铺小利巴们捏出来蒸的，卖了钱柜上不入账，是给他们剃头洗澡的零用钱，没糖没油，那还能好吃得了。既然提起太阳糕，我就陪您去访一位特殊人物，他做的太阳糕是北平独一份儿，今天正月底，咱们现在去，可能还掰个供尖呢！"他事先也没告诉我，特殊人物是谁。

　　这位特殊人物住在东直门里羊管胡同，住的是很破旧的小四合房。经受申兄一介绍，他从怀里掏出一张名片来给我，中间三个仿宋体字"朱煜勋"，左上角印着"明裔延恩侯"，敢情站在我面前的他就是明朝后裔第十二代袭封的一等延恩侯。他两手都是薄面，正在蒸太阳糕准备明天祭祖呢！早年辛亥革命告成，当时优待清室的条件，有"王公世袭概仍其旧"一条，所以他仍旧挂着大清给他的一等延恩侯头衔，每年照支岁俸八百元，每年春秋二季往昌平县天寿山明代十三陵致祭，还可以向小朝廷的内务府报销点儿旅费，来贴补日常用度呢！这位延恩侯虽然衣衫破旧，可是言谈举止，倒还端庄闲适，他捏的太阳糕是带有核桃枣泥馅儿的，比市售太阳糕约大两倍。他尚未蒸好，所捏的朱冠钢羽大雄鸡，风采踔厉，无丝毫匠气。凡是认识他的人，二月初一来跟他要太阳糕，他都会送一份。近年要的人少了，他也还要送出去二三十份呢！临走他送了我们每人两只捏好的雄鸡，我一直妥慎收藏，放在玻璃橱内，放了两年不裂不霉，不知他放了什么药剂在内。

　　民国十四年逊帝被冯玉祥逐出紫禁城避居天津，这位延恩侯居然千辛万苦凑了几块钱川资，搭火车去天津张园，叩见故君，以示不忘清廷二百年对明代后裔的宏施。我当年虽然只看见而未吃过他做的太阳糕，可是每年二月初一，这位延恩侯朱煜勋所捏的大公鸡的影子，总要在我脑海里晃荡几次呢！

清明零拾

过了元宵一晃就是清明，在一年二十四个节气里，清明是相当受人重视的，因为清明家家都要上坟扫墓，慎终追远，缅怀祖德，永绥先灵。

依照太阴历推算，清明与寒食，相隔不过两天，唐代沈佺期《岭表逢寒食》有诗："岭外逢寒食，春来不见饧。洛中新甲子，明日是清明。"由此看来，寒食清明，变成仅隔一日了。

《舆地记》"祭礼"一节说得很清楚："祭礼，士大夫庙祀，民间不敢立祠堂，清明祭于墓，七月中旬祭于墓，十月一日祭于家，冬至岁暮忌日，俱祭于家。"千百年来，大陆民间扫墓大都是照此奉行的。

古代寒食例不举火，相传是为了纪念介之推被焚绵山的意思，到了清明那天再重复举火，韦庄诗有"寒食花开千树雪，清明火出万家烟"，可为明证。清明所举之火，称为新火，在唐代极为盛行，皇上并于是日举行清明赐火。民国二十年，笔者在上海名医丁秉臣（济万）府上看到一幅宋人画无款识工笔《清明赐火图》手卷，据乃叔仲英说："乃叔祖泽周公少从御医马培学医，马以医治慈禧沉疴而得誉，此幅宋画即得之上赏。"根据《荆楚岁时》记载："唐取榆柳之火，以赐群臣。"据说赐火在朝会散时，由近侍将榆柳树枝点燃后，由皇上亲自分赐群臣，即日新火。群臣拿出宫廷，火已熄灭，但他们拿着柳枝回家插在门首，清明上坟插柳有人说就是因此演变而来的。

有一年我到江西的修水公干，正赶上清

明，当地管清明叫"蛋节"，我觉得很奇怪，同时发现当日家家吃各式各样做法的蛋。当地钟姓是大家族，五世同居，人口繁赜，过蛋节更热闹。他们把青年男女，分成两组，一组画蛋，一组雕蛋。画蛋是选外壳坚硬的鸡蛋或鸭蛋，连壳煮熟，用茜金草榨汁，在蛋壳上蘸汁精绘花鸟虫鱼。起初看不出画的是什么，三天后变成浅蓝颜色，由深而紫，由紫而红，把蛋剥开，蛋白上就显出原绘花鸟虫鱼的图案来了。

梁节庵先生的哲嗣梁叩，是个石聋子，他对画蛋深感兴趣，他画画的基础又好，曾经送我两只得意作品：一是《扫墓图》，提樽携榼，车轿驴马后挂满楮锭冥镪，祭者、哭者、酹者，及焚楮锭、除墓草者无不惟妙惟肖。他用的笔，是他自己精心研究特制，是什么原料，如何制法，他就不肯告诉人了。另一只是绘的京剧《小上坟》，虽然是写意画，可是把萧素玲、刘禄京眉目传情神态，都能曲曲传出，我一直放在书房多宝橱内。有一天四小名旦的毛世来来寓，看见《小上坟》画蛋，喜欢得不忍释手，最后是强索而去变成他桌上的陈设了。

雕蛋虽然江西广东两省都很盛行，据说高手都出在粤东，所以有"画瓷粤不如赣，雕蛋赣不如粤"的说法。他们雕蛋是用细刀将整只蛋镂空，把蛋黄蛋白全部倒出来。故宫刚一开放时，永和宫后殿，曾经陈列过一套《二十四孝图》雕蛋，每只都有一只紫檀座子，其雕刻之精细，真是够得上鬼斧神工了。据说同去参观的李伯悦学长说："这一套雕蛋出自他们三水名手于白塘的手笔，蛋的空白地方都可以找出于字图记。这一套雕蛋大概刻了一年多才完成，是当年岑西林以重金买来孝敬慈禧太后的，在广东官场中曾经轰动一时，不料想能在故宫看到原物，真是眼福不浅。"不过这套雕蛋是否一并装箱带到台湾来，就不得而知了。

"斗鸡"也是清明应节的游戏，唐明皇在东宫做太子的时候，就喜欢玩斗鸡游戏，等到他荣登大宝之后，特地在内廷设治"鸡坊"，凡民间蓄有峨冠昂尾、镠毫铁距、踔踽雄健良种赍送宫廷，可膺重赏。坊内有五百男童，专司训练调饲，其中有一名十三四岁姣童名叫贾昌的，不但斗鸡走狗，战阵驰逐样样精通，人更轩昂明丽。从清明开始，到立夏雄鸡脱毛为止，每逢朔望都要举行两三场盛大斗鸡，《天宝逸闻》上说："每逢斗鸡之日，贾昌冠雕翠绣，兜鍪首铠，锦袂利屧，金钺玉斧，拂引群鸡，兀立广场，指挥往返，拊毛振羽，砺喙磨距，抑怒待胜，影随鞭指，低昂有度。"从以上描述，可以想出见唐宫清明斗鸡是多么壮观啦。到了宋代宫廷中把斗鸡的兴趣转移到斗蟋蟀，斗鸡才渐渐地没落了。

　　清明在唐代又叫作秋千节，唐玄宗是历朝最会享乐的皇帝了，每逢清明佳节，竖立高架以彩绳悬木，坐立其上，推引飘荡，谓之"秋千"。在绿肥红瘦、绿叶丹英之间耸立雕龙的秋千，上面有位轻艳侧立瑶簪珠履的佳人，随风作式，抑扬飘荡，玄宗管它叫"半仙之戏"，这个名词真是亏他如何想得出来的。时代演变到现在，打秋千已从成人游戏变成了幼童们运动的项目，没有玉貌佳人再玩这种游戏。可是去年我在泰京曼谷，去到一个荣华酒馆吃潮川菜，附近有一架丹漆彩绘高耸入云的秋千架，问了附近住户，才知当地就叫"秋千架"。据说这座秋千架建自素可索王朝，系模仿中土式样建造的，早先每年清明都举行美女打秋千游戏，一时车马喧阗，塞巷填衢，轻跷竞技，还有选美的意味在内呢！

历书载云："春分后十五日，斗指丁，为清明，时万物皆洁齐而清明，盖时气清景明，万物皆显，故名清明，闺中妇女竞着新鞋，出行原野，谓之踏青。"现在每逢周末，无论男女老幼，都以郊外健行为乐，清明踏青，已经成为历史名词了。

慎终追远话清明

清明又叫清明节，也是一年里二十四个节气之一。中国的节气，全都跟农事有关，唯独清明除了与农事有关外，并且含有神秘色彩，可以算是一个极特别节日。照中国习俗，清明那天，无论南方北方，都要上坟扫墓，所以清明又称"鬼节"。

按照中国古礼，凡是神主入祀宗祠家庙之后，所有祭奠都改在神主之前，除非自己住在郊区，坟地就在家门口附近，大概很少有人随时上坟祭奠的。

祭扫坟茔，简而言之曰祭茔，《大清通礼》载："寒时及霜降节，拜扫圹茔，届时素服诣墓，具酒馔及芟剪草木之器，周眠封树，剪除荆草，故称扫墓。"

明清两代，皇家慎终追远，对于祭陵特别重视，每年清明冬至春秋二祭，皇帝必定指派亲信王爵或贝子贝勒，分往东西陵致祭。

皇陵所在，周围全都筑有高大围墙，圆顶方宇，名为实城，上完祭后，随即举行敷土礼，由两位职司，用黄布一方，兜满细黄土，把土倒在坟顶上方告礼成。清朝各帝，不但对自己祖宗陵寝，诚敬隆周，就连明代陵寝，也都多方保护，随时派员修缮，禁止樵牧。宽裕慈惠，所以民间亦能仰念祖德，慎终追远，蔚为风尚。

早年民间购置茔地，无不认为是一桩大事。安徽省有几县，对于龙骨气穴尤为重视，甚至有些人为了给先人寻觅佳城吉壤往往停枢在堂，终年奔走，必定要找到一块有五色土的龙脉兴旺地段，请堪舆先生选定茔相，才敢把先人安葬。

大户人家在立好坟茔同时购置祭田，多者数十顷，少者也要几十亩，招请邻近忠实农家代为照拂看管。这种祭田虽然每年也酌收少许地租，大约十之八九全给坟少爷做生活费了。看坟的如果能够孜孜汲汲，温良朴拙，不盗卖树木，也就等于世守其业啦！

　　北平大户人家的坟茔，最外一圈多半种柳树，坟圈子间隔最大的一丈二尺，小者也有八尺。里圈就种松柏树了，围绕坟圈子有如一排松墙子，只留正面墓道，以利进出。看坟的要随时修剪，让柳树井然森列，松柏树明秀含青。靠近坟地还要盖有阳宅，正房是给坟主上坟休息进餐之用，盖阳宅必定有东西厢房，是准备停灵用的。依照北方规矩，妻子如果早年亡故，不能先行下葬，必先停灵等待，或在厢房土丘，或是砖砌，等先生故后才能一同安葬。

　　早年中等以上家庭妇女，是很少随便出门的，唯独清明、中元、十月初一三大鬼节，妇女们也要上坟哭祭，回程要摘一枝嫩柳芽，别在头簪子上然后回家，让人知道是刚上过坟的。北平有一句俗语说"清明不戴柳，死了变黄狗；清明不打牌，死了没人抬"，就是这样来的。

妇女并不一定要正日子上坟，要由看坟的进城择定日期，再行前去，看坟的得了确信，打扫阳宅，洗刷门窗，修剪树木，每座坟前添土拍匀，净候主人家来上坟了。

北平大户人家上坟，都带金银锡箔去，很少带烧纸的，至于祭拜则各有不同了，早年都是以猪头三牲上供，满洲人用烧燎白煮，后来更趋实惠，有的用盒子菜，或是做几样亡人生前喜爱的食物，有人甚至改用鲜花水果，既简单又干脆了。上供的猪头三牲、烧燎白煮撤供之后，就归看坟的打牙祭了。看坟的也准备了小米粥、烙饼等，再煮上几枚油鸡蛋给上坟的当午饭，这是久住城市里人享受不到的呢！

舍间祖茔在西郊六里屯，襟山带河，面对望儿山，早春时际，群峰隐现，青翠如洗，风景秀丽，所以每年春秋二季上坟，总有若干亲友同去。大家有时坐车，有时骑驴。我们上坟扫墓，他们结伴游春，真是别有一番情趣。

　　自从卢沟桥事变，日军在红山口一带设有重兵，自然无法上坟扫墓……如今栖迟海隅，每逢佳节，北望神州，心中真有一种说不出的滋味。我想来台的大陆同胞，都有同感吧！

我家怎么过端午

好像过了农历新年没多久，一眨眼又到了新蒲泛绿、芳艾凝香的端阳佳节了。这个节日是春夏节气之交，有些地方称五月为毒月，因而民间过端午，除了崇贤、育乐，还有辟毒、保健的含义在内。

先曾祖妣是农历五月十一日寿诞，在世之日为了庆生过节，在五月初一之前，厅堂廊庑必定举行一次大扫除，所有屋宇里悬挂的匾额镜幄，一律要移至庭院中拂拭清洗。旧式房屋地上讲究铺墁严丝合缝，尺八金砖。所谓金砖就是青石流金、不渗滴水的石砖。清洗金砖要用锯末子来守（守字是否正字待查），锯末子分"普杉""香细"两种，要到大的木厂子去买。"普杉"是一般木料锯下来的木屑，粒粗色杂，"香细"则是阴沉檀楠一类高级木料的细屑。无论"普杉""香细"，都是用麻袋装，论百斤卖，两者价格，约差二分之一。守地的方法，是桌椅床凳都抬在院子里拂拭清扫，先要烧几大壶开水，用畚箕盛满锯末撒在方砖上，然后把滚水浇在锯末子上，用一种特制短把笤帚，蹲下来在砖上推来推去地扫。等泥尘扫净，换上新锯末再仔细清扫一遍。讲究新出屉的馒首掉在方砖地上一点灰星都沾不上，才算守干净了。一时木香洋溢，在半个月内，都有清新静穆一尘不染的感觉。

早年没有"必安住""蝇必立死""克蟑""拜贡"一类喷射式的杀虫剂，可是夏末春初蚊蚋滋生，也有防疫驱虫妙法。每年五月初一用雄黄、矾块、独头蒜、高粱酒，泡在一只瓷缸子里，在太阳底下暴晒，晒到端阳正午，用艾叶沾了酒浆，遍洒厅堂厨廊楼桶旮旯，自夏徂秋，确有驱疫防虫效果。例如人参、当归一类最怕生霉中药，用瓷缸下铺寸厚炒米，药材放入密封，四周遍洒雄黄酒，绝不发霉生蛀，而且爽爆如新，比诸放在冰箱冷冻库要高明多了。厨房炉炕碗柜是"灶马"（灶马形似蟋蟀，颜色略黄而小）滋生处所，可是洒过雄黄酒的厨房从未发现灶马，足证雄黄酒消毒的功效为何啦。

清宫管端午节叫天中节，对于廷臣是例有赏赐的，最名贵的是赏赐绫裱五尺长三尺宽的朱砂判，整幅"恨福来迟"的判儿，赤帻鞹屦，仗剑夔立，凝视飞蝠。据说全是出自如意馆丹青妙手，用胭脂膏子绘制，仅留蝙蝠二目、判官双睛，由御笔用辰朱亲点，点好之后，蝙蝠固然是栩栩如生，判官的双目怎么看怎么瞪着你，所以说有驱厉辟邪功效。有的人忽然凶鬼附体乱蹦乱闹，挂上这种朱砂判，据说鬼就走了，所以得之无不世袭珍藏。民国初年，北平后门一带古玩铺，还有清朝历代帝后写的福寿字、龙虎字待价而售，但很少有朱砂判儿出售，纵或偶有发现，那比龙虎福寿字的价钱要贵上好几倍呢！

清宫端午节，例有赏赐近臣樱桃、桑葚之举，一只五寸大小碟子，铺上桑叶一张，樱桃二三十粒，红白桑葚等数，由宫监苏拉赍送到家，除了全家叩首跪谢圣恩之外，宫监苏拉敬使车力，还得恭敬如仪。这一盘樱桃桑葚，人口多的人家，比买整担樱桃桑葚还要贵上几倍，有的人家准备敬使车力真要头痛几天呢！我曾经偷偷问过相熟的太监，端午节何以尽赏樱桃桑葚不赏粽子呢？他们也很诧异，端节各府送赏赐，从来只有樱桃桑葚而没有粽子，他们也猜不透是什么道理呢！

内廷过端午对于近臣家的儿童也有赏赐，第一是小团扇，扇面上画的全是工笔婴戏图，正中盖上一方小玉玺。有一年笔者得一把六国封相团扇，据说是画苑沈恭仿仇十洲原本所绘，虽无款识，但构图多变，赋色淡雅，迥异凡构，拿在手里奉扬仁风，颇觉神清气爽。

每年蚕宝宝一上山作茧，先祖母看见黄白茧子凡是畸形的，或是特大的，都要特别拣出来做成仙鹤老虎，等过端午节给我跟舍弟陶孙悬挂。有一年发现有两粒特大的黄茧子，祖母用细竹丝给我做了一个龙船，给舍弟做了一具立体虎形，我们挂上之后，走过大街小巷人人赞美，让我们兄弟出足了风头。照一般民俗，从初一挂到端阳正午，一定要毁弃掷掉，因为这个龙船做得太玲珑精巧了，掷了之后，我又捡回来藏在抽屉里，不时拿出把玩一番。自从先祖母弃养，先慈每年端午家宴，发现我总是眼睛有点红肿的，书童偷偷告诉先慈说我把玩龙船时曾流了不少眼泪，后来还是把龙船掷了。到了我二十几岁，每过端节看见小朋友们挂在背上的玎珰玉佩，就想起先祖母的音容笑貌，跟她老人家给我精心制作的小龙船来。

中秋节旨在赏月，所以以晚宴为主，天中节以午火是尚，所以饮馔多取中午，这桌饭虽无山珍海味，可是一切都以接近红色为首要，名为"双五十二红"。素炒红苋菜、老腌咸鸭蛋、油爆虾、三合油拍水红萝卜、胡萝卜炒肉丁酱、红烧黄鱼、温朴拌白菜心、金糕拌梨丝、红果酪、樱桃羹、蒜泥白肉、鸡血汤。这桌菜以酒菜为主，除了雄黄酒是点缀时令的酒，大家要点缀一番外，真正要喝的酒是状元红、女儿红、玫瑰露。笔者幼年时最喜欢过五月节，菜又是些甜凉清淡爽口小菜，各种酒类又暂时对小孩开禁，准许浅尝两杯，大明大摆奉官饮酒，真说不出有多高兴啦。

"泽畔招魂悲屈子，粽筒投向汩罗湄。"这个节日既然是包粽子投江纪念屈原的，自然家家都要包点粽子来应景儿喽。

北方有一部分人对于吃有时非常固执，就拿粽子来说吧，吃粽子一定是江米小枣，要不就是裹得紧、冰得透，清水江米白粽子，蘸二贡（白糖）或糖稀来吃。此外甜咸南北各式粽子，一律认为全是邪魔外道，绝不进口。我有一位相交四十多年的北平老乡，在台湾住了三十多年，直到现在，只认江米小枣，真是把他莫可奈何。

　　粽子花色种类，以广式花式繁多，不但甜咸皆备，而且椰丝、莲蓉、蛋黄都从月饼转移到粽子上来了。另外广东有一种驼粽，包法特别，中间凸起来，馅子种类更多，一斤糯米规定包十八只粽子，驼粽之大可想而知。先乐初公旅粤多年，对于广式驼粽均有偏嗜，所以每逢端午，舍间总要几枚广式驼粽，给乐初公上供。先祖妣有一女佣，我们都叫她辛阿姊，她是昆明人，据说昆明金马牌坊下有一家专卖鸡粽的辛家小馆，就是她祖先留下来的。她对于包鸡粽自然颇有心得，先祖在世时文芸阁、梁星海都是舍下常客，两位不但好啖而且量宏，所以端午包几只鸡粽也成了惯例了。说实在的，其实粽子中以湖州粽子应列为上品，粽子式样像一只玲珑斧头，甜品中豆沙是洗沙，比北方带豆皮的豆沙，已经味高一筹。馅子不用网油网起来，而且糯米绝不夹生。咸品中鲜肉、咸肉、火腿，都是剔筋去腥，煮熟之后又渥得到家，所以糯而不腻、咸淡适中。舍下端节所包湖式粽子不但上供自吃，而且还要分馈亲友。现在台北虽然湖州粽子到处有售，不用自己费事来包，可是严格批评起来，比自己家里包的粽子，色香味三者，似乎还有段距离呢！

端午节，吃粽子

每逢端午节，大概十之八九的人家，都要吃粽子。可是口之于味，所嗜不同，所以同是粽子，以包法来论，有正三角、斜三角、铲子头种种形状，材料方面更是五花八门，各尽其妙。

北平粽子

先拿北平来说吧！过端午节自己家里包粽子的人家还真不多，大半都是从街上买点回来应景的。北平粽子是小三角形，个儿式样都很小巧，北平管糯米叫"江米"，街上推车卖粽子的一吆喝就是"江米小枣的粽子"。这种粽子讲究裹得严紧，煮得透而不烂，枣儿小，核儿细，冰得凉，吃到嘴里扎牙根儿的凉才过瘾。另外北平豆沙做得粗，多半不去皮，做豆沙包儿很好吃，可是包起粽子来就显得硌硌棱棱有欠滑润啦。北平人还喜欢吃白粽子蘸白糖或糖稀，要是再加上点玫瑰汁、木樨卤那就更清逸馥郁，冷香宜人啦。

广东粽子

包粽子花式多，用料全，要属广东粽子了。甜粽有绿豆仁、莲蓉、四黄、胡桃、枣泥、豆沙等，咸的则有火腿、蛋黄、咸肉、叉烧、烧鸡、烧鸭，山珍海错几乎全是包粽子的材料。包粽子大家都用糯米，取其香濡性黏，可是胶质太浓，又怕腻不爽口，所以广东美食专家讲究包粽子糯米要山地产品，或是瘦瘠土地产品才算上选。广东还有一种碱水粽子，是用碱水泡米，不咸不淡，粽子煮熟趁热用丝线勒成一片一片的，用线串起来晒到干透，收藏起来，随时可以拿几片跟粥同煮来吃。浆溶碧玉涩后甘香，据说可以清胃火，却风湿，是否属实，姑且不论，可是吃起来，确实别具风味呢！

台湾粽子

台湾粽子分两种：一种叫菜粽，是花生仁、花生粉几种干果做馅儿的；一种肉粽，则用鲜猪肉、鸡鸭肉、蛋黄、香菇、虾米、油葱包的。台湾粽子对米的选择很考究，一般都喜欢用圆糯而不喜欢用长糯，说是圆糯香浓味正，远胜长糯。所以每到端午节前，圆糯长糯每斗市价，相差很多，不是有相熟的米店，甚至买不到圆糯，就是这个道理。台湾粽子也是大三角形，粽体硕大，比广东粽子还要壮观，如果北平粽子跟台湾的一比，简直小巫见大巫渺乎其小啦！台南市有一家百年老店，所做肉粽，因为货真价实驰名全省，有很多小食店也都以"台南肉粽"来号召，其中谁真谁假，只有天知道了。

湖州粽子

湖州粽子不但举国皆知，就是美国的旧金山、洛杉矶也有湖州粽子出现。湖州粽子分甜咸两种：甜的是脂油细豆沙，这种甜粽子最难包，一个弄不好靠近豆沙一圈的米，会发生夹生的现象，所以包豆沙一类甜粽，必须用网油先把豆沙网起来，就不会有夹生的毛病了。至于咸粽，火腿咸肉双包、分包都好。只要是湖州粽子，一定是铲子头包法，一头扁平一头凸出，也可以说是湖州粽子的特别标记。湖州粽子是最讲究火功，肉糜米烂，渗透均匀，同时对粽叶的选择也特别精细。尤其包甜粽所用粽叶，最好采用带有青色的新竹叶，吃的时候另有一种清远的幽香。扎结的绳子，要扎紧，不然米粒一煮膨胀，粽子一变形就不美观了。每只装米量要均匀，肉要包得严，可是又不能包得太满，满就胀开；同时要用大火煮，煮好还要焐上个两三小时。所以说湖州粽子讲究可大了，其驰名国际，也绝非偶然的。

湖州粽子虽然如此出名，可是您如果让北方人吃，有些人也许认为粽子哪有吃咸的感觉，而且又是烂嗒嗒的，一点也不骨立。反过来让南方人吃北方江米小枣粽子，他们或许认为冰凉挺硬，吃下去之后，恐怕不容易消化吧。由此可观，赤枣菖蒲，所好各异。粽子种类还多，这里不过举其荦荦大者，端午节到了，咱们还是各随所好，吃几只自己爱吃的粽子，喝点雄黄酒，过一个久雨喜晴的端午节吧！

五毒饼

　　中国人为了纪念战国时代三闾大夫屈灵均五月五日纵身汨罗江而死，全国各地无论南北，都用粽叶裹了角黍（俗称粽子）。端午节吃粽子，这个习俗由来已久，唯独北平除了包粽子外，还要吃五毒饼，这是过五月节北平独有的小吃，其他省份恐怕都没有呢！

　　北平几家老字号如正明、毓美、兰英等饽饽铺，一到五月初一，门口就贴上"本号新添五毒饼"的红纸告条了。五毒饼大小有如核桃酥，馅儿不过是松子、核桃、枣泥、豆沙一类材料，用枣木模子磕出来，上吊炉烤熟，出炉后提浆上彩，表面上再抹一层油糖，点心上凸凹的花纹，可就特别显眼了。

　　传说在元朝末年，江西贵溪县龙虎山某一代张天师的裔孙，在尚未继承道统之前，下山遨游，来到京师。正赶上久旱不雨，疠疫横行，他不幸感染时疫，突然晕倒在一家饽饽铺的门前。那家饽饽铺掌柜的，是位宅心仁厚的长者，一看是一个气宇不凡的少年倒卧在门首，马上叫伙计们把他抬到柜房，亲自动手给他刮痧，然后针灸兼施，居然把这年轻人的性命给救过来。知他只身来京，此地别无亲友，于是在后柜搭了一张铺，延医调治。将养了好一阵子，一直到他病愈方才道谢告辞离去，年轻人始终没有露出自己的真实身份来。饽饽铺的掌柜的，只觉得他蕴藉俨雅，必定是颇有来头的南方富家子弟，怎么也想不到他是张天师嫡系裔孙。

　　过了不几年，他沿袭道统，正位天师，忽然想起当年卧病道旁，饽饽铺掌柜的救命之恩，于是用朱笔画了一道灵符，加盖龙虎山乾坤太乙真人金印，派人专程晋京，送给那位饽饽铺掌柜的，留为驱邪辟疫之用。那家饽饽铺收到张天师所赠亲笔灵符，视同瑰宝，立刻贴在后柜作坊上梁。

当时饽饽铺都雇有专门雕刻点心模子的工匠，有一位心灵手巧的工匠，整天眼望贴在梁上的灵符，夭矫盘曲，朱厚色鲜，久而久之，心领神会，无意之中就爬抉剔刮，照灵符的笔顺，刻了一方模子出来。被掌柜的无意中发现，觉得新颖别致，于是用枣泥做馅儿，刻了几十只烤了一炉枣泥饼，准备若不好卖，留给柜上同人自己吃。谁知这批点心一出炉，不论放在什么地方，用不着加纱罩，绝无苍蝇蚊子来滋扰，那位掌柜的是个有心人，把这批点心取名"五毒饼"，在端午节发售一天。大家听说五毒饼不招苍蝇，又能驱邪避疫，饼一出炉，总是一抢而光。

北平各家饽饽铺一看这种情形，争相仿效，家家也都大发利市，不过他们五毒饼的模子，因无张天师的灵符可拓，既名五毒饼，就把蝎子、壁虎、蛤蟆、蛇虺、蜂虿五毒刻在模子上，成了名副其实的五毒饼了。木头模子用久了，自然纹路模糊不清，有一家饽饽铺特地请了一位擅画花鸟虫鱼的江南画家，画了一幅虺蜴潜踪图，工细传神，栩栩如生，于是让巧匠依样葫芦，刻了一副木头模子。那位江南老画师，是江苏武进人，南方有蜈蚣（俗名"百脚"，北方极少蜈蚣，有一种叫"钱串子"，有一种叫"蚰蜒"，跟蜈蚣极为相似）而没有蝎子，所以南方画五毒，就把蝎子换成蜈蚣了。因此北平当年饽饽铺，就有南派五毒饼、北派五毒饼之分了。

当年画家陈半丁说："京剧《混元盒》里五毒，只有蜈蚣而无蝎子，《五花洞》剧中变幻人形在世间扰乱一番的金头大仙化身，也是蜈蚣而非蝎子，因为昆曲、乱弹都是由南而北，在南方蝎子是很少见的。"半丁先生以南人落籍北平，他的说法是颇有见地的。

有些细心人端午节吃五毒饼，发现模子上有蜈蚣、蝎子不同，有些好事之徒硬把五毒饼分为南派、北派，还引起了当时《顺天时报》迁听花（日本人）跟《群强报》戴槐生打了一场很火炽的笔仗。笔者记得在幼年过端午吃五毒饼，确有蜈蚣、蝎子之别。至于照张天师灵符刻的印模所做的五毒饼，只是听前辈老人们传说，既没有看过，更没吃过。

欣逢佳节，这段五毒饼的小故事，知道的人可能已经不多，所以特地写出来，聊供中原父老饮雄黄酒、吃端午粽时的谈助吧！

清宫过端阳

中国一年分三个大节，过年、端阳、中秋，端阳节的名称最多，又叫"端午节""端五节""五月节""重五节""菖蒲节""天中节"。古人以五月初五是阳极开始，而当天午时，以天行躔度来说，又正好是日正当中，所以在宫廷中认为天子当阳，对于这个阳极节日就比太阴当令的中秋节重视得多了。

一过清明，内廷专供绘画的如意馆，就把各位供奉朱笔画的"恨福来迟"的朱砂判儿送到皇后、贵妃住的宫院，以备闲时开光了。这种朱砂判官都是头戴软翅巾，绯氅赤舄，庞眉皤腹，奋袂仗剑，指向飞蝠；判爷的神目、蝙蝠的双睛，等待后妃们亲以斑管开光点朱，眼睛部位是画苑专画人物高手供奉预先留下的。只要朱红一点，立刻栩栩如生，好像判官随时都凝眸注视你一样。京剧《乌盆计》里赵大夫妻谋害刘世昌，赵妻总觉得屋里挂的判官画像，随时怒目而视，胆怯心虚之下，把判官双睛挖掉。可见人物画得好，真能传神，不是随便乱盖的。这种朱砂判除了皇后之外，凡是奉颁印玺的贵妃，都可以用玺点朱，留待端午赏赐近臣。宫廷传说这种开过光的朱砂判，可以辟邪，所以得之者认为比赏赐龙虎福寿字还要光彩呢。

重五挂香囊除疫辟秽，民间传说如此，宫里也不例外。早在过节一两个月之前，就由御药房配好多种不同香袋用料，装在双套盖的锡罐里（双套盖可避免香味散失），贴上卷标签，连同做香囊彩色柔丽的锦珍丝一并送进内宫，以供宫娥婕妤们各凭心机，花样翻新，针黹斗巧，来缝制精巧的香包了。最讲究的香包是用绫子做成虎形，昂首顾尾，彩符斑斓，四只虎爪各悬一串缨络，缀以樱桃、桑葚、钟馗、龙舟、黍角、伞扇、玉佩、玺璋，不但色兼列彩，而且精细灵巧惟妙惟肖。宫眷如果有别出心裁的制作，既膺懋赏，又获殊荣，所以香包式样年年花样翻新，变成掖庭女红竞巧大会了。有一年，一位巧手宫娥做了一只长不半寸带篷的龙舟，宝盖珠幢，金钺玉斧，五彩实花，巧夺天工，令人叹为观止。

一到五月，扇子就应时当令了。早在清明之前，如意馆就把工笔绘就的团扇分送内宫盖印，留待重五赏赐勋戚了。最初扇子上以仙山楼阁或婴戏图为主，全系初入如意馆当差年轻供奉手笔，摹明仿宋，真有几可乱真的精品，不过扇面上不着一字，仅盖某宫或某后某妃朱红玉印一方而已。这种团扇尺寸较一般团扇为小，丝光缥素，有的用水纹绫封边，有的用古锦缎托衬，扇柄更是翠虬绛螭，斑管凤竹，雅瞻工致。不过这类团扇，都出自掖庭宸赏，至于皇帝偶发雅兴，御笔宸翰，多半是诗词歌赋写在折扇之上。所以这类聚头扇，宫里又叫诗扇，不但扇面讲究，一面平金或洒金，一面珊瑚或朱砂笺，至于扇骨子，更是蟠木离奇、嬴镂雕琢，不是玉堂金马翰苑词臣，还难得膺此殊荣懋赏呢！

重五端阳，普通人家到了五月初一，都在大门二门堂门左右插上菖蒲、艾叶，到了端阳正午时，才摘下来，弃蒲留艾，说是可以驱邪辟疫。至于大内各宫，严墙三仞，殿馆崇隆，反倒没有插艾悬蒲的习俗了。据老宫监说："内廷倾宫琼构高不可攀，要遍插蒲艾，非劳师动众不可，所以玉清金阙，有清一代都没插过菖蒲艾叶呢！"倒是每逢端午由内务府配制一种龙涎紫金丹、一种驱毒混元散进呈掖庭，从端午凌晨迄至正午，用金猊宫熏四处点燃，云蒸霞蔚氤氲懵腾，一时蝎蠕蝇蚁遁迹潜踪。宫廷夏季，很少有蚊虫扰人，大概龙涎金散杀灭蚊虫效力，比起现代各种强力杀虫剂还要持久有效呢！

　　端午节喝雄黄酒，这个习俗流传已久。《义妖传》里白素贞端午节喝了雄黄酒，立刻显露原形，骇坏许仙官，这是家喻户晓的一段喝雄黄故事，所以从天子到庶民，端午节都要喝雄黄酒来驱邪辟疫。宫廷端午所喝的琼浆玉液是由御药房配制，在端午那天用午膳时候依时进呈的。当年舍下有一个听差李祥，曾经在御药房当过差，据他说，配制雄黄酒的酒底子，规定要用宿迁的桃儿酒，也就是民间所谓双沟大曲。清代双沟大曲列为江苏省的贡品，例由徐州府采办送京，当地人俗称这种大曲为净流二锅头。自从列为贡品，于是改称桃酒，比较雅驯。贡品酒是用七十五斤黑釉瓷坛子装成，到京就扫数发交御药房，留作配制雄黄酒之用。普通人家的雄黄酒是用白干酒加雄黄粉在太阳底下晒个把天就成啦！皇宫里雄黄酒，不用一般雄黄，而用结晶透明的雄精研成粉末配制。另外还有七味草药，那是属于宫廷秘方，就不是他们一般当差的所得而知了。不过宫里喝不完的雄黄酒，端午节一过立刻赏给东四牌楼的万春堂中药铺充作舍药善举，如果有人被蝎子、蚰蜒一类毒虫咬伤，用雄黄酒调和化毒散一擦就好。为了广结善缘，任何人向万春堂索讨，都是分文不取的。

过端午节从南到北都吃粽子，不但各自有各自的包法，而且所用材料也彼此大不相同。以岭南为例，广东粽子甜咸皆备，什么莲蓉、蛋黄、冬菇、干贝，都能用作粽子馅的材料。一只粽子等于一碗什锦咸八宝饭。广东有一种粽子包法更是特别，长方形粽子，中间凸出一块来，活像伛偻人的脊背，广东人索性叫它"驼粽"，以形像来说，倒也名实相副。北方人吃的粽子，很少有咸的，除了江米小枣，就是白粽子蘸白糖或糖稀吃，就是宫廷也不例外。不过宫中有一种玫瑰卤、一种桂花卤拿来蘸粽子吃，蜜渍柔红，玉灵芳香，这种上食珍味，就不是一般老百姓所能尝得到的了。在宣统未出宫前，有一位浙江遗老包了五十枚火腿鲜肉湖式粽子进呈永和宫端康皇太妃（瑾妃）品尝，当时同治的瑜、瑨、珣三位太妃尚在，分别住在储秀宫、长春宫、宁寿宫，大家分享之余，交相赞美，认为别有风味。其中瑜太妃尤有偏嗜，于是传谕御膳房，每年端午包些湖式肉粽换换口味。要知包湖式肉粽非同一般烹饪，是另有诀窍的。用多少酱油拌搅浸泡，米和肉的比例，包裹的松紧程度，需要多大的火头，多少时间来煮，在在都有讲究，不是一学就会的。所以清宫后来端午节的粽子，虽然甜咸并进，试做了若干次，可是咸粽子始终不得其法，难邀宸赏，所以未出都门一步。北平的土著，只知道粽子蘸白糖、江米小枣，至于咸粽、肉粽，向所未尝，反而不屑一顾了。

清宫自从清室逊位以后，三节须赐勋臣

的节赏，自然逐渐免除，不过每年一到五月初一，掖庭内监仍旧开列名单（限于丹臣勋戚、近支王公），在宫廷是眷念旧臣，在宫监们是找点外快。一小碗樱桃桑葚，一小串江米小枣的粽子，由太监们带着苏拉，亲自送府，受之者还要对着上赏珍食毕恭毕敬行三跪九叩大礼。蒙恩之家男女老幼，按人头份儿敬致太监、苏拉靴敬若干车资多少，他们这一天挨家逐户转下来，所获当然不在少数。据说有一位公爵，家道中落，入民国后，时常断炊，而每年端午节太监、苏拉依然照赍上赏不误。某次端午节，对于车资靴敬一时无法筹措，逼得公爵夫人跳水缸自尽。这件事后来传扬出来被太妃们知悉，太监们这种趁年节打秋风的恶例，才逐渐敛迹。因为给不起赏钱，逼得受礼人轻生自尽的事，我想现代人一定认为是闻所未闻的吧！

桂子飘香栗子甜

　　最近有朋友从汉城公干回来，知道笔者喜欢吃糖炒栗子，特地带了一包糖炒栗子相赠。装潢用的纸张行匣虽然非常考究，可是栗子的大小就太欠整齐了，大的有鸽蛋大，小的跟紧皮红枣相若，令人不敢相信它是栗子。炒的火候如何姑且不谈，最是栗子内壳带毛的软皮，把手指甲都剥疼了，也很难全部剥得干净，吃起来实在费事，有点乐不敌苦的感觉。

　　从日本也有朋友带了糖炒栗子来，炒得倒是挺透，外壳里皮都不难剥落，可是颗粒太小，剥出来比莲子差不许多，吃过日韩两国糖炒栗子，令人不禁怀念起大陆的糖炒栗子来。

北平照一般吃食的习惯，都得按时当令，颇得孔老夫子所谓不时不食的真谛。不是二月初一，您买不着太阳糕；不到重九，想吃花糕也不太容易；抗战前不交立秋您想吃烤肉也没有卖的；至于糖炒栗子，不过白露，也没有哪一家敢提早应市！

栗子在北平附近京东京西各县都有出产，不过良乡涿县一带所产的栗子颗粒均匀，圆而不扁，易炒而且受看，所以糖炒栗子，大都喜欢用良乡涿县出产的栗子来炒。大家虽然用的都是良乡栗子，可是走遍了北平六九城，没有哪一家用良乡栗子来宣传号召的。到了上海可就大大的不同了，爱多亚路的郑福斋，虽然夏天以卖酸梅汤驰名，一到金风荐爽，初透嫩凉，他家首先贴出"良乡栗子"红纸招贴来号召顾客，流风所及南京汉口等地，凡是卖糖炒栗子的，都在门口贴上"良乡栗子"大红招贴以广招徕。北平人做买卖，各有各业，互不侵犯，糖炒栗子是干果子铺独家买卖，也没有哪一家敢抢行胡来的。

干果子铺每年要到了白露，才把大炒锅支在门口装上烟筒开炒。其实他们之所以过了白露后才炒栗子，其中也有个道理存在：炒栗子的燃料既不用劈柴木炭，也不用煤渣煤球，而是用破芦席，撕成一块一块的往炉口里填做燃料的。北平住户稍微富裕的人家，讲究天棚、鱼缸、石榴树，一到夏天，正院儿的天井就搭上新芦席的凉棚了，可是一遇处暑，承搭天棚的铺子，就会跟您商定哪一天拆棚。搭天棚用的芦苇席，经过一个漫长夏季的日晒雨淋，也都疏松朽脆不能再用，他们拆完凉棚，顺手就用排子车拉到干果子铺，充做糖炒栗子生火的燃料啦。

杭州卖的糖炒栗子，时期比北平可提前了。他们讲究桂子飘香、丹桂盛开时期采收的栗子，叫桂花栗子，拿来炒糖炒栗子带有桂花味，啜气腾香，当然特别好吃。北平卖糖炒栗子所用的锅铲都是特制的，所以特别巨大。北洋时期张宗昌的直鲁军跟冯玉祥的西北军大战于喜峰口，结果直鲁联军获胜。长腿将军一发膘劲，要在南口战场犒赏三军，开筵庆功，这一千五百桌的大买卖，北平各大饭庄家家干瞪眼，谁也知道买卖是宗好买卖，就是烫手，谁也不敢接下来。当时西长安街忠信堂饭庄大管事崔六，居然一口承应，结果到南口炒菜的大锅，就是跟干果子铺情商借用的。全北平的大平铲大铁锅一共是八十六套，一股脑儿全让他借去了，所以北平城里城外，只有八十来家自炒自卖糖炒栗子的。

炒栗子所用的石砾鎏砂都是斋堂（北平京西出产砂锅的地方）特产，不吸收糖分，糖蜜久渍不粘，炒栗子浇上多少蜜糖，这种沙子绝不沾润。今年用完，用清水洗干净，收藏起来，明年再用。栗子炒好，用网眼箩筐过筛，筛好新出锅的热栗子，就放在笸箩里用小棉被盖好保温，有顾客临门，再按两论斤用粗草纸包好出售。

　　北平报人吴宗祜（笔名绿叶），跟剧评人景孤血，都酷嗜糖炒栗子，各有一口气吃两斤糖炒栗子的记录。平素他们都颇为自豪，有一次碰见富连成刚出科的小丑詹世辅，詹说只要有人请客，他吃两斤以上糖炒栗子是不成问题的。吴、景两人不信，结果三个人就在前门大街通三益干果铺的柜台旁边比赛起来。他们把刚出锅的热栗子，四两一堆，各吃各份儿，吃完再续，吴、景两人各吃八堆，詹世辅居然吃了十一堆。富连成一年到头都在肉市广和楼爨演，通三益在前门大街，彼此相去咫尺，通三益从老掌柜到小学徒，没有不认识詹世辅的，所以他的那一堆足足五两有余。若按实际分量算，恐怕三斤都出头了，吴绿叶在报上给他在梨园花絮栏再一渲染，"栗子大王"之名就不胫而走啦。

北平的西餐厅，一份全餐最后的一道甜点，以廊房头条的"撷英"最为考究，最早以车厘冻、杨桃冻驰名，车厘就是罐头樱桃，不算稀奇，可是杨桃，在台湾吃不算一回事，而当年在北平能吃到鲜杨桃榨汁做杨桃冻，那就太不简单了。后来厨房里不知哪一位西点师傅发明了奶油栗子面儿，把炒熟的糖炒栗子研成细面，加上新鲜奶油，奶油上面嵌上一颗罐头鲜樱桃，吃到嘴里甜沁柔香，毫不腻人。做法看起来十分简单，可是别家做的就是没有撷英的滑润适口。后来这位厨师转到东安市场的小食堂工作，喜欢吃奶油栗子面儿的顾客，也随着不吃撷英而奔向小食堂啦。

贴秋膘、吃螃蟹、焦烤涮

谈到每日三餐，北方的饭食，要比南方简单朴实多了，除了平津一带，一般县份都是以杂粮为主食，天天能有白米白面吃，已经是了不起的人家了。卖力气的劳工，逢到三节，主人家总请大家吃犒劳，能够有一顿羊肉白菜馅饺子，或是宽粉条炖肉烙饼吃，大家已经心满意足啦。

大陆的北方，夏天虽然没有台湾的酷暑蒸郁，可是三伏天的骄阳灼人，也就够瞧老大半天的。大家因为平日饮食吃得太素，油水不足，所以在伏天就有"头伏饺子二伏面，三伏烙饼摊鸡蛋"的说法，这些无非是想加点油水罢了。等到金风荐爽，初透嫩凉，秋风吹走了多日的暑炎，精神一舒畅，人人胃口大开，于是又想出一个名堂叫"贴秋膘"，吃点有滋味、有油水的东西来滋润补养一番，这时候正是稷熟蟹肥，所谓"壳薄胭脂染，膏腴琥珀凝"的时候。北平人吃螃蟹讲究到前门外肉市正阳楼去吃，因为北平吃的螃蟹，全是从靠近天津一个水村胜芳运来的，每天一过中午，螃蟹运到北平东车站，一卸火车到了前门大菜市，必定是由正阳楼尽先挑选，挑够了，才归行开秤。

北平人因为悠闲惯了，什么吃食都讲究应时当令，不时不食，这倒合了孔夫子的古训了。像元宵、粽子、月饼、花糕，不到季节是不会出来应市的；炰烤涮的烤肉，不交立秋，甭说以卖烤肉出名的烤肉宛、烤肉季、烤肉陈，他们三家不会提前应市，就连一般牛羊肉馆，以及推车子下街的，也没有一个敢抢先。等到时序一交立秋，什刹海的荷花市场已经是秋蝉噎露、残灯末庙时期，可是依然有人架上支子生起火来，大卖烤肉。您瞧也怪，还真有捧场的，虽然火势熊熊，熏得人热汗直流，居然有人一口烧刀子一箸子烤肉，吃个不亦乐乎。北平人这种特性，是别省人没有法子了解的。

北平最好的一份烤肉是"烤肉宛"，听说他家靠南墙的一架支子有百十来年，北墙的支子还是前明故物呢。日寇占据华北时期，曾经打算以高价把烤肉宛的无价之宝买去，可是宛氏说什么也不肯点头。因为日军爱吃他的烤肉，总算手下留情，没有"勤劳奉仕"，强迫献给皇军。宛氏兄弟原本是手推着车子下街卖烤肉的，因为宛二的刀工好、选肉精，哥儿俩苦了几年，就在宣武门里安儿胡同把口，挑起烤肉的幌子大干起来。无论买卖多忙，永远宛二切肉，宛大算账，一个小利巴打打下手而已。他家牛肉选得特别精，肉片切得分外薄，所以在北平吃烤肉，哪家也比不过烤肉宛去。烤肉季在什刹海义溜河沿，虽然小楼一角，篷牖茅椽，可是居高临下，雪后新晴，俯瞰一片琉璃世界，城市山林，令人有出尘的感觉。烤肉陈在宣外骡马市大街，院宽室明，原先是一家客栈，虽然竹凳瓦灶，但敞豁有容。陈老板是象棋高手，如果您能在他的手下三盘两胜，他有陈年海淀莲花白，再给您切点牛上脑。这顿烤肉让您吃完了还想下次再来。以上三处吃烤肉，情趣气氛各有不同，不是终日蝇营狗苟、心怀贪竞的人所能体味出来的。

真正吃烤肉，都是自己配作料，自己烤来吃，老嫩咸淡，随心所欲，同时一只手拿长筷子扒拉烤肉，一只手拿着锡酒镶子长吸鲸饮，一条腿蹬在二人凳上，这份豪迈粗犷的吃相，现在想起来还觉得怪有趣的呢！因为吃相不雅，所以在民国十六年以前，没有堂客敢去吃烤肉的。后来风气渐开，正阳楼添上卖烤肉，饭座都是彬彬儒雅的人士，才有好奇的女性参加围炉烤肉的行列。

现在吃烤肉有厨师代烤，可能有若干年轻女士，还不知道早年还没有女性进烤肉馆吃烤肉呢！

早先吃烤肉以牛肉为主，有些人不吃牛肉，才有少数人改吃烤羊肉，至于吃爆的必定是羊肉，不像现在台湾所谓北方馆都有所谓葱爆牛肉，要是您要个葱爆羊肉，或许堂倌还会跟您说今天没有准备羊肉呢。有钱有闲又会吃的人们能分出爆羊肉是锅爆还是铛爆的。从前北平有一位强盗小偷的克星——侦缉队长马玉麟说："铛上爆出来的羊肉，比锅里爆的香而且嫩，滋味各异。"有人试过他多次，真屡试不爽，不能不佩服人家嘴里有"试神经"。他认为铛爆羊肉，把作料逼干，大葱熟透，拿来夹烧饼，比鱼翅燕窝都来得适口充肠。这种吃东西的意境，又必须是悟得静中之趣的一品大闲人，才能体会得出来呢！

虽然一交立秋，像东来顺、西来顺、同和轩、两益轩也都开始以炰烤涮应市，可是老北平总有个不时不食的习性，不到冬意渐浓，瑞雪催寒，是不会扇个锅子吃涮羊肉的。早年喜欢摆谱儿的人吃涮羊肉，一定要用银炭把火扇旺，发出一股子浓郁的炭香，迎风袭人，比用酒精瓦斯炉子都来得够味儿。关外吃涮锅子讲究羊肉、牛肉、猪肉同时下锅，一锅儿熬；北平吃涮锅子则讲究泾渭分明，必定是羊肉、羊肝、羊腰子，甭说牛肉，就连牛肚、牛脑也不能在同一个锅子里涮，因为牛羊膻腥各异，一混合汤就不好喝啦。真正涮锅子，锅子扇好端上来，也不过是往锅子里撒点葱姜末、冬菇口蘑丝而已，名为起鲜，其实白水一泓，又能鲜到哪儿去。所以会吃的人，吃涮锅子必定先要一碟卤鸡冻，堂倌一看是内行吃客，这碟卤鸡冻，冻多肉少，而且老尺加二。喝完酒把剩下的鸡冻往锅子里一倒，再来涮肉，就够味啦！涮锅子羊肉，不能用机器切，因为那种羊肉吃到嘴里木渣渣的，所以北方大馆子，绝对不用机器切，而是礼聘切肉师傅来切。切肉师傅多半是定兴、定州、涞水、保定一带请来的。到了炰烤涮一上市，有些人总要抢先去吃上一顿，解解馋，又好在人前夸耀一番。切肉的大师傅们的工钱，是按节算大账的，从立秋到旧历年，手艺高的师傅，工钱总得过千，次一点儿的也得七八百块，比当年一般中级公务员的薪水还多呢！

谈到羊肉，所有饭馆子的羊肉片，都是口外（张家口）来的大尾巴肥羊，不但肉质细嫩，而且不觉膻腥。据说大尾巴羊，伏天都赶到口外剌儿山避暑。山上深松茂草，飞湍喧豗；一个夏天，羊养得膘足肉厚，再从口外往北平赶，路上经过几处曲渚银塘，都是从玉泉山支流灌注的，一路上羊喝了这些清泉，自然腥膻全退。所以天津人冬天吃羊肉涮锅子，必定要到北平买羊肉片，虽然看起来有点像故意摆谱儿，可是细一咂滋味，天津的羊肉确实比北平膻味重呢！高手切肉，运刀如飞，平铺卷筒，各有部位，什么"黄瓜条"（肋条肉）、"上脑"（上腹肉）、"下脑"（下腹肉）、"磨裆"（后腿肉）、"三叉儿"（脖颈肉）等名堂；大师傅会片，吃客也会点，真是要哪儿就有哪儿。外省人初到北平，甫说吃，一听这些名词，已经头昏脑胀了。

涮锅子吃到最后，剩下锅子底儿，是羊肉锅子精华所在。此时虽然炭尽火熄，可是余温灼人，会吃的朋友让堂倌清锅子底儿，一方面是余馂味厚，一方面也是抻练堂倌的道行如何。若是身手麻利，经过名师指点的堂倌，手疾眼快，能把锅子底儿全倒在大海碗里，一点儿灰星儿都不能落在碗里。堂倌一露这手绝活，二爷的小费自然要多破费几文了。

清末名书法家恽毓鼎的后人恽宝惠，做过北洋政府的秘书长，虽然谈吐文质彬彬，可是谁也不愿意跟他同席，因为他吃相难看不说，而且从小宠坏了，吃饭一直不会用筷子，永远是两只手在菜里乱抓一气。大家知道他这个毛病，菜一端上来，赶快先夹几箸子在他碟子里让他抓弄。要是吃涮羊肉锅子，热汤翻滚，他自然无法下手，可是最后的锅子底，多半是由他一人独享。听说从前上海有一位前清遗少，跟恽氏一样有用两只手的习惯，我想上海洪长兴的堂倌，没有倒锅子底的手艺，上海那位两只手遗少的口福，可能没有恽大爷那么好喽！

凉飙已劲，台湾冬晚，现在贴秋膘，吃羊肉涮锅子，正是时候，可惜此地羊是山羊，肉也分不出部位来，可又上哪儿去吃适口充肠的涮羊肉呢?

应时当令烤涮两吃

时令一交立秋，北平西山的红叶初透嫩红，大家想贴秋膘，清真馆子就有涮羊肉、烤牛肉的红纸招贴挂出来应市了。

吃涮羊肉必定要用"西口大尾巴肥羊"，这种羊肉不腥不膻，要肥有肥，要瘦有瘦。养羊的贩子，一过立夏就把羊群赶到张家口的刺儿山歇伏，那里林壑幽深，流泉漱玉，碧草如茵，修柯戛云，羊群在水欢草肥的环境里，自夏徂秋只只养得又肥又壮，牧羊贩子把羊群一拨一拨地赶下山来，一站一站地往北平赶。等到了西直门外，据说还要圈个三五天，让羊群喝足了玉泉山流到高亮桥的泉水，再赶进城来宰杀，则羊肉不但不腥不膻，而且切成肉片后涮着吃特别细嫩。

在北平吃涮羊肉，讲究到教门馆子去吃，他们不但作料齐全讲究，而且选肉、刀工也另有一套。北平吃涮羊肉，要算前门外同和轩、两益轩，东城的东来顺，西城的西来顺几家清真馆最地道。前门外同和轩、两益轩的主顾以商界跟梨园行居多，东来顺以肉好价廉著称，西来顺由割烹高手褚祥主持。北平比较冠冕的客人请客，多半是西来顺，因为他家除了涮羊肉，做一桌教门席，也是可圈可点的。

吃涮羊肉最注重是刀工如何。拿东来顺说吧，据东来顺的少掌柜丁永祥说："我们柜上涮肉片严格规定，必须用公羊肉切涮肉片，如果是用母羊肉，就多少有点膻味啦！"他家经常养着几位切羊肉片的师傅，他们一个涮羊肉季节挣的工钱，就足够一年的生活费啦！此外在柜上干活算是副业，反而成了外快收入了。

您进饭馆吃涮羊肉，伙计们一定先问您

吃肥吃瘦，若要细分起来羊肉有十多种名堂。照部位来分，例如肋肉叫"黄瓜条"，上腹肉叫"上脑"，下腹肉叫"下脑"，后腿肉叫"磨裆"，还有"三叉儿""肚条""软里脊"等名堂。切出来的羊肉片，其薄如纸，颜色透明，在锅子里一涮就熟，不像台湾的羊肉片，把羊肉冻瓷实了，用机器一刨，全成了卷筒羊肉啦。

东来顺不但羊肉选得精，作料也特别考究。他们讲究"一贯作业"，自己有羊圈，从口外赶回来的羊，先在羊圈里饲养，羊圈之外还有菜园子，所种蔬菜种类繁多，另外开了一座叫"天职顺"的酱园子，除了供应东来顺油盐酱醋及各种蔬菜外，还兼做门市买卖。

在半世纪前，烤肉只推车子沿街叫卖，独沽一味牛肉，不卖羊肉，至于猪肉、鹿肉、鸡肉那就更谈不到啦！

北平吃烤肉要吃烤肉宛，他们小铺开在宣武门内大街安儿胡同把口，您跟拉洋车的说烤肉宛，没有一位不知道的。吃烤肉讲究支子老，肉片好。所谓支子就是用铁制成的铛，连着烧火的铁盆，支子下面用铁片围着留口，好往里面添松柏枝跟劈柴。支子愈旧愈好，因为支子用久了，上面凝聚油脂滋润着，烤出来的肉片没有一丝铁锈味儿，所以显得特别香。烤肉宛一共有两个支子，南北分列，北边支子，说是明朝万历年间流传下来的，宛氏兄弟在未发迹前，推车子沿街卖烤肉，就是用的这个支子，所以他们兄弟把这支子，视同瑰宝。日本驻屯军占据华北时，曾经出过重金，打算把那架支子买下来，运回日本去，可是宛氏兄弟不受威胁利诱，无论你出多少钱，我就是不卖。所以宣外大街烤肉陈家、什刹海烤肉季家，虽然切肉选肉都还不错，也是老饕常去的地方，可是那两家要跟烤肉宛比，究属稍逊一筹啦。笔者有一位日本朋友叫平生钊三郎，在北京大学担任经济学客座教授，在他任教期间，每年从烤肉宛一有烤牛肉上市一直到年底收市，晚饭必定是来吃烤肉，除非他有推不掉的应酬。有一次跟我在烤肉宛同一支子旁边吃烤肉，他看见我让小利巴到隔壁菜魁买了两根洞子货的黄瓜来就着烤肉吃（北平入冬，天寒地冻，原野根本没有蔬菜生长，洞子货黄瓜是丰台菜农在温室培养出来的，既嫩且脆，当时牛肉片半斤一碗，不过六角钱，一条黄瓜一块钱，其贵可知），便问我为什么就生黄瓜吃烤肉，我说烤肉火气重，就黄瓜吃火气就解了，他也照样来两条黄瓜，就着日本清酒吃。他给我的结论是日本的鸡素烧、韩国的石头火锅，虽然各有一种滋味，但跟中国烤肉比，则瓠脯尘羹，根本没法子比拼啦。他开始吃烤肉是吃完烤肉，要喝上两大杯浓而且酽的咖啡来清食止渴，自从吃了黄瓜配烤肉，饭后的咖啡也就免了。现在烤肉在台湾也大行其道，唯一不同的是支子加大，另设烤房，客人自己拌好作料，由店里工人代烤。

原始烤肉根本只有烤牛肉没有烤羊肉的，后来由于女性也要当炉自烤，可是不吃牛肉的妇女居多，这才添上了烤羊肉。

谈到此处其中还有一段故事：清宫定制，除祭祀用太牢者外，照例不准牛肉进宫。慈禧垂帘时期，她过中秋，是从八月十三日起到十七日止，一共要过五天。除了十五日当天为正节外，其余四天，前两天叫"迎节"，后两天叫"余节"。迎节、余节这四天里，她每年都是在颐和园景福阁里，大开筵宴，专吃烤涮庆贺中秋。可是牛肉进宫，即违祖制，如果仅有羊肉一味，又未免单调。因此慈禧出了一个巧主意，倡用一种叫"福禄寿考"好听名字的烤涮吃法。所谓"福"，是鸡肉片和关东野鸡片；所谓"禄"，是关东鹿肉片和香獐子肉片；所谓"寿"，是羊肉片；所谓"考"，是松花江出产的白鱼片。至于所用柴火，是产自西山的"银丝红罗炭"、吉林的松柏枝跟松塔。现在台湾吃烤肉，肉类花色之多，并不输慈禧当年的御前盛馔，不过御厨切肉片讲究真正刀工手艺，现在咱们吃的肉片都从冰库拿出来，冻得坚如铁石，用刨子刨成卷筒形状。薄则薄矣，无奈吃到嘴里木木渣渣不大对劲。

再谈作料。吃烤肉所用作料，只有酱油、醋、葱、香菜四样，不像台湾烤肉馆又是辣椒酱，又是柠檬水、生香油等五花八门的配料，更没有白菜、洋葱、番茄、胡萝卜丝各样蔬菜的配合。凡是吃烤肉多半是叫二两白干，不够再续二两，没有四两半斤叫的，更没有叫黄酒、花雕或是啤酒就烤肉喝的，否则人家固然把您看成老外，自己吃下去，在肚子里造反，也不舒服呀！

台湾冬晚，过了小雪，正是吃烤肉的季节，好啖的朋友，不妨照我加作料方法烤点牛肉，我想滋味或许比您前此所吃的烤肉滋味稍胜一筹呢！

中元普度话盂兰

过了处暑，一晃就是中元节了，中元之名，同于上元，本来无关乎迷信，原本是释道两家一种节会，原名瓜节。有些笃信鬼神的人称七月为鬼月，中元节为鬼节，传说是从七月初一起，就大开地狱之门，所有终年受苦受难禁锢在地狱里的凶魂厉鬼，都可以走出地狱，获得短期游荡，享受些人间血食。这个大家都认为不吉的月份，既不嫁娶，更不搬家，尤其家里有娇儿稚子，太阳一下山就禁止在外间玩耍，以免遇上鬼魅，惹祸招灾。

按七月十五日成为佛教节会，因为那天是僧众结夏圆满的日子，所以佛教人士，于功德圆满之日，施佛及僧，以报亲恩。中元节作盂兰盆会，也就是这个意思。根据《盂兰盆经》上记载：当年释迦牟尼初次弘扬佛法，收了印度两位学者做弟子，第一位摩诃舍弗尊者，第二位摩诃目犍连尊者（就是世称的目莲僧）。目莲坚忍卓绝，勤修佛法，在众弟子中神通广大法力无边。他偶然间神游天堂，看见慈母亡魂正在地狱中恶鬼道度诸苦厄，目莲不避艰阻，急忙赶到地狱去营救。他用化缘的钵盂盛饭喂母进食，不料母亲手刚一碰钵盂，饭菜立刻燃烧，顷刻化成灰烬，仍旧遭受忍饥挨饿的劫难。目莲看见老母为此受罪，于是向佛祖求教。佛祖告诉目莲说："你母生前作恶多端，罪孽深重，必须十方僧众，在七月十五日，以食馔百味放置盂兰盆中，嗔经超度，使在世及亡故父母，皆获福荫，而出三途之苦。"目莲救母心切，发愿奉行，他母亡魂才得脱出苦海。据《大藏经》记载："目莲以母生饿鬼中，佛令做盂兰盆，以奇果素食置盘中供佛，而母得食。"
（"盂兰"梵语是"倒悬"意思）佛教自印度
传入中国，到了盛唐就有人根据《盂兰盆经》
《大藏经》所说，举行盂兰盆会，并且编成故
事鼓词戏剧，弘扬孝道，一直流传到现在，
而且遍及东南亚信奉佛教的国家。在中国各
地相传每年七月十五日中元节，是祖宗灵魂
回家的日子，无论贫富都要钱镪脯醴、香花
蔬果，焚镪奉祀，以尽孝思。就是僻处滇黔
边区的苗瑶同胞，七月十四日到十五日两天
也要焚化纸钱，遥祭先灵。他们的祭奠比汉
人还要隆重，一共举行两天，十四叫江南节，
十五叫江西节。至于名称如何由来，就是他
们年老耆长，也只知其当然，而说不出所以
然来。他们的祭品跟汉族不同，有一种西瓜
山、紫茄饼，是祭礼中必不可少的。西瓜山
是挑选最硕大西瓜从中分上下，切成若干齿
纹，红瓤黑子丹朱烂漫，手法熟练，极见巧
思。紫茄饼是用糯米制成皮，用青菜茄泥做

馅。据参加过祝祭的人说，紫茄饼做法种类繁多，苗妇们技巧横出，其中还含有比赛割烹手艺优劣的意味，算是苗疆一种珍食美味了。

中国黄河流域有些省份，除了奉祀先灵之外，还有献谷的风俗。新的谷，收割登场，把整只谷穗，陈列在供桌上，等到焚锾送神后，就把谷送回田上插起来，俗称"送谷"，因为此时正值谷已登，还含有告稔荐新的意思在内呢！

中元夜晚除了放焰口之外，近水地区还要点放河灯（台湾叫"水灯"）。传说把水灯放在溪流之中，能够烛照幽冥，把一些孤魂野鬼引领重登衽席，超脱转世投生。清代放河灯，以北平南城的二闸最具规模。当年漕运南粮北运，是由稽查京东十七仓粮官验收归仓，历年在运河里溺毙的人夫，当然不在少数，所以粮官有笔专款，专供中元节放河灯祭孤之用。早年二闸的河面宽阔，碧水清明，船舶可航，放起河灯来，万斗繁星，回光倒影，漾洄明灭，非常壮观。民国肇建，北海、什刹海、高梁桥也都放过河灯祭孤，星星点点，比起早年在二闸放河灯的盛况，可就逊色多了。

　　一九七六年笔者去泰国旅游，在曼谷恰巧赶上七月十五中元节，泰国是佛教国家，素有万佛国之称。那一天凡是靠近湄南河的寺庙，一到傍晚，庆赞中元的典礼，就揭开序幕。首由高僧大德，登坛开讲《盂兰盆经》，然后由高僧为首，众信士弟子手持点烛燃香，跟随高僧诵经转佛，围着大殿念完一卷《大藏经》，然后群趋河边燃放河灯。庙里并且有人出售一种莲花形油纸灯，上插蜡烛，入水不濡。至于信徒自备自制的有煤油灯、电池灯、塑料灯、花篮灯、水族灯，迷离耀彩，争奇斗艳令人目不暇给了。最后放的是庙里扎制的水排灯，有些寺庙僧侣是扎制水排灯高手，扎的水排灯宝盖珠幢，锦幡五色，还点缀着嫣红柔绿各式鲜花，新芳晚馥悦目袭人。比起国内放河灯，又别是一番风味。听说在日本未窃据台湾以前，中元节也讲究放水排灯，他们中元节叫御中元，不过后来逐渐废止，已经成为历史上的名词。不过七八十岁以上老人，对于当年放水排灯，还有点模糊印象呢！

北平庆赞中元还有一种烧法船的盛典，凡是在七月十五日以前亡故的人，大家都说他们生前行善积德，才能赶上法船，可以往生，不受地狱沉沦之苦，是行善之报。烧法船每年都是归佛教会主持，由慈善团体各大丛林醵资，共襄善举。法船是由冥衣铺承扎，北平冥衣铺糊冥器是举国闻名的，只要肯花钱，糊出来的法船宝相花纹，风光体面，那就甭说啦！北洋政府皖系当权的时候，王揖唐任内务总长，朱深任司法总长，由王朱两位发起举行一次超度阵亡将士祭孤法会，在北海小西天延请各大丛林僧侣念经超度，放焰口祭孤魂。所扎法船有三丈多高八九丈长，金钺玉斧，扇拂旌幡，真是点缀得斑龙九色，金缕闪烁，令人疑假疑真。等到功德圆满焚毁法船时候，不但五龙亭挤得人山人海，就是隔海的漪澜堂沿着石栏一带茶座，也是座无虚席。这种盛况，当时认为虽非绝后可称空前，总之抛开迷信不谈，中元节起源于孝思不匮，慎终追远，缵绪贻德，比起上元、端午、中秋、情人节等节日，岂不是更深厚宏远有意义多了么！

一年容易又中秋

中国的三大节日：端午、中秋、除夕。端午注重在午时的端阳酒，中秋注重赏月酒，除夕注重晚间的团圆饭。

北平有句俗语说："男不拜月，女不祭灶。"当年南开大学校长张伯苓先生讲，想起这两句话的朋友，太有学问啦，请想中秋夜月，天宇澄霁，素魄无瑕，邀几位俊侣，相聚醑饮，是多么赏心乐事。既不拜月，自然可以在外流连，除夕家家都在庆团圆也无处可去，不留在家里祭灶，又待何方，所以非绝顶聪明人，想不出这绝妙好词来。这句俗谚，也不过是说说罢了，依据宫廷记载，康熙每年中秋要在避暑山庄如意洲的镜湖，或是银湖举行祭月大典后初透嫩凉，才启驾回京。至于乾隆在七旬万寿兴建戒得堂，其中包括镜香亭、问月楼、群玉亭、含古轩、水面斋，都是乾隆跟群贤赏月吟诗、赐福食吃月饼的地方，以上种种都证明皇帝老倌是照样拜月的。

中秋节月饼是应时当令的点心，北平月饼只有饽饽铺卖，分自来红、自来白、酥皮、翻毛四种，若干年来一成不变，还是独家生意。不像台湾，刚刚过完中元节，大街小巷凡是卖吃食的，都想法赶档子临时做月饼来卖呢！

北平讲究人家买整套月饼来上供，饽饽铺可以预定，最小五只一套，最大的十五只一套。据说乾隆晚年嗜食甜食，他拜月用的月饼最大一只有三斤重，百果杂陈，众香发越，奶油重，冰糖多。凡是内侍近臣，能随侍赏月散福，吃过这种月饼的，无不交口赞美，认为异味。

广东月饼驰誉南北，椰丝、莲蓉、蛋黄、百果，比起北方月饼花样就多了。其实广东月饼甜腻味重，实非月饼上选，倒是苏常一带茶食店所制甜月饼，有玫瑰、桂花蜜渍鲜橙，甜醹九投。咸月饼有鲜肉、三鲜、火腿，膏润芳鲜，堪夸细色异味，比起自来红、自来白实在高明多矣。

北平拜月要供月宫马儿，这种神马儿有四尺多长，分上下两格，上一格画的是诸天菩萨，下一格是玉兔人立持杵捣药，这种木板印的月宫马儿，真有极细致刻印均佳的，粘在黍秆架子上，就成了月宫马儿啦。这种神马儿最初原本是香蜡铺专卖品，可是大小油盐店也都插上一脚代卖月宫神马儿，说真格的，月宫马儿跟油盐店怎么说也拉不上关系呀！虽曾经请教过民俗专家金受申，他也说不出所以然来，后来请教金息侯（梁），据他说这里头没有什么深文奥义，北平一般中等以下人家，都没有厨子，家庭主妇不上菜市，每天总要照顾一趟油盐店，买的菜蔬太多，自己提不动，就要偏劳柜上小力笨往家里送了。请一份月宫马儿自己不好拿，送月宫马儿也就变成油盐店小力笨们的固定差事啦。各住户可也不能让他们白送，大方人家总要破费几文给小力笨些许剃头洗澡钱，油盐店本来是寄卖神马儿，香蜡铺一看油盐店真能代销，也就整批趸给油盐店啦，久而久之油盐店变成卖神马儿是天经地义的事了。可是神马儿种类甚多，油盐店所卖只限于月宫马儿，其余神马儿还要到香蜡铺去做的。拜月除了月饼鲜果之外，少不得要有带枝叶的整把毛豆，还有鸡冠子花。照老妈妈论儿来讲，家里如果有怀孕少妇，要准备一只西瓜，让孕妇用锁狗牙方法来切，合口是偶数生闺女，奇数生胖小子，据说还百试百灵。拜月用的鸡冠子花。撤供时候，要把鸡冠子花扔在房上，可以保佑全家老少不会染患痧麻痘疹一些阴恶的病。插神祃儿的黍秸秆在送神焚祃儿时，如果有爱尿床的小孩，用来打打小孩的屁股，以后就不溺炕啦。虽然说这些都是迷信，但也增加家人团聚、庆贺中秋的情趣，追来赶去，惹得大家哈哈一笑。

赏月的团圆饭，自然是比较往日丰盛别致，以舍下来说，一定有一盘琵琶鸭子，千里共婵娟的鸡包翅，甜菜是一海碗不划开的杏仁豆腐，吃时随吃随划，这些无非都是象征团圆的意思。自从来台后，每过中秋，最怕赏月，面对素魄诵坡仙《水调歌头》，鼻子独是酸酸的，有一种说不出的滋味……在大陆赏月，才能引起举杯邀明月的豪情逸致呢！

北平的中秋

　　一年容易又中秋，一霎眼，明儿个就过八月节啦。人家说北平是纯粹大陆气候，春夏秋冬四季分明，该冷就冷，该热就热。不像台湾一点准稿子没有，忽凉（谈不上冷）忽热，碰不巧三十晚上要着单儿吃团圆酒，还许顺着脖子流汗呢。

　　在北平一立秋，尽管晌午骄阳灼肤，可是一早一晚，就多少有点儿秋意啦。八月的中秋节，在北平算是大节气，这时候庄稼刚忙完，天气不冷不热，各式各样的水果，如苹果、石榴、蜜桃、鸭梨、鸭广、大小白梨、沙果、虎拉车（似苹果而小）、大白杏、沙营葡萄、玫瑰香、枣儿、莲蓬、藕，还有老鸡头（芡实）全都上市，真是鹅黄姹紫、嫩红新绿、五光十色各尽其妙，不用说吃，就是瞧着也让人痛快。北平管中秋节又叫果子节，可以说名副其实一点儿也不假。

过节嘛，大家小户都得买点儿月饼上供，堵堵孩子们的嘴。其实说实在的话，北平所做的自来红、自来白，还有提浆、翻毛月饼，虽然馅儿有山楂、玫瑰、枣泥、豆沙，种类倒不少，可是比起人家广东月饼的蛋黄、莲蓉、五仁、椰丝，可就差多了。有一年笔者在稻香村装了一大盒苏式酥皮火腿三鲜月饼，送给一位没出过大城的老太太过节，老太太尝了尝可就说啦，好吃倒是好吃，怎么还有肉馅的月饼呀。可见北平人有多么老八板儿了。

一进八月，前门、后门、东四、西单，各处十字路口，兔儿爷摊子可就全摆上了。卖兔儿爷的大本营，集中在崇文门外花市大街的灶君庙，每年八月初一到初三是开庙之期，兔儿爷是零整批发要什么有什么。这种卖兔儿爷的摊儿最大可摆个四五层兔儿爷，最大的有两尺多高都摆在顶头一层，为的是大的醒眼，引人注目，以广招徕。反正架子上的兔儿爷一层比一层小，另外有一种特别加工、一寸高的小兔儿爷，据说都是手艺人彼此争奇斗胜精心之作，不论模型、开脸、上色、贴金，都比大兔儿爷来得精致细腻，尤其兔儿爷开脸后，脸上要带十足的笑容，才算上品。笔者幼年玩兔儿爷，大大小小成箱论柜，等中秋月圆，供过月亮祃儿，所有大兔儿爷一律销毁，只有寸把大的小兔儿爷总要挑一两个最精致的留起来欣赏。

兔儿爷的唯一原料是胶泥拌儿，而且不论大小，一律是三片子嘴，支棱着两只长耳朵，脸上经过描眉油粉点朱之后，真是有红似白的，身上全是绿袍峨冠，外罩金盔金甲。每位长长两只耳朵，身后都插一面护背旗。想当年梅兰芳首次在吉祥茶园唱《嫦娥

789

奔月》，名丑李敬山饰玉兔大仙，他从月宫跳出来，跟吴刚开打，刚一亮相，台下就来了个哄堂。因为李敬山的扮相，跟兔儿爷摊上的大兔儿爷一模活脱，真能吓人一跳。听从前北平大北照相馆经理赵燕臣说，北平有一位著名的败家子儿，有一天到大北照相馆拍戏装照，指明要扮《嫦娥奔月》的玉兔大仙，这出戏的脸谱是李七寿山琢磨出来的，还特地把李寿山请来指点一番，才把戏装穿好。可是大北没有那根护背旗，现到绸缎庄买了几尺黄绸子，剪成三角缝好，才把玉兔大仙的戏照拍成，后来大家都尊称他兔儿爷。兔儿爷这个称呼，在北平来说，不是什么高雅名词，这位大爷才知道自己烧包，以致烧出这个尊号来，可是后悔也来不及啦。这也是当年北平兔儿爷的一个小插曲。

北平人说，"男不拜月，女不祭灶"，所以过年送灶接灶，都是老爷们儿的事，堂客们一律回避。可是到了供月，全归坤道们忙活，家里所有男丁，净等着分果子吃月饼就行啦。供月一定要请一份儿月宫神祃儿，这份儿神祃儿，要到带菜魁的油盐店去请，最大号的大约有三尺多宽、四尺多高，用黍节秆儿扎好架子，再糊上印好的祃儿。上一层印的是诸天菩萨，下一层是玉兔站在丹桂树下捣碓，顶上还插有三枝纸旗子。所用的供品，最主要的是素油成套的月饼，由大而小最高的十一层摆在供桌上，像一座宝塔。什么应时的鲜果，都可以拿来上供，就是各式各样的梨不上供桌，因为梨离同音，团圆节最忌讳的是离字，所以不管什么梨都不用来摆供。讲究人家供月，必定有只带芽子整只的白花藕，不用盘子盛，而用鲜花荷叶托着，雪藕中空，孔孔相通，用来上供，可以保佑学龄儿童七窍玲珑，聪明睿智。家中如果有怀孕少妇，多半买一个西瓜来供，上完供让怀孕少妇来剖，刀要从西瓜中间切狗牙，等西瓜对牙切开，数数刀数一共多少，单数生男，双数生女。这种老妈妈论儿，现在也很少有人知道啦。

此外给兔儿爷上供，有两种必不可少的供品，一种是成把带籽儿的鸡冠子花，一种是带枝带叶的毛毛豆。玉兔公终年在月宫里，孳孳不休地捣碓，鸡冠花的籽儿可以帮助大仙提神醒脑，增强体力，等于人间喝硫克肝、吃大力丸。至于毛毛豆，是大仙日常唯一的主食，当然更不能缺少了。

每家拜月礼成之后，大人忙着分水果，切月饼，焚烧纸袴儿那就是小孩们的事啦。纸袴儿一焚，剩下没烧着的光黍节秆儿，每个小孩儿人手一枝，在院子里互相追逐笑谑，你打我，我敲你。据说用这种黍节秆儿打屁股，就不会尿炕啦。

现在台湾大家住的都是高楼大厦，有电梯的公寓式住宅，讲究越高越好，凉风天末，仰望银河，真有琼楼玉宇高处不胜寒的感觉。什么嫦娥奔月，吴刚伐桂，兔儿爷捣碓，自从人类登陆月球，证实那些全是人们的美丽幻想，根本没那么八宗事，还拜什么月供什么月呀。有些老头儿老太太在大陆圆了几十年月，来到台湾不供一下月宫，好像缺点什么似的。可是阳台只有巴掌大，也摆不下供桌呀，就算摆得下供桌，又上哪儿去买月亮祃儿呀。想一想还是算了，等以后回到北平，再好好供供兔儿爷他老人家吧。

中秋应景菜——清炖圆菜

有一年我在上海过中秋节，种德堂电台的老板合肥李瑞九，跟我不单沾点姻亲，而且彼此都是好啖之徒，他鉴于我只身在沪，特地请我到他家过节。他住在新闸路一幢小洋房里，二楼有一个阳台，夫妇都畏热，请李金发、江小鹣两位美术大师把它布置成小花园后，池树竹石一庭净绿，在傍晚虹消雨霁之后，的确是赏月的好去处。他特地把盛宫保公馆的主厨阿四找来，做两样应景的菜，让我尝尝盛公馆名庖手艺如何。主菜是清炖圆菜，我对圆菜根本没多大兴趣，尤其清炖更不愿下箸。

瑞九说："我平日也不吃这个菜，吃甲鱼是有讲究的，甲鱼的大小以马蹄般大小、每只在十二两到一斤、肉嫩骨软才够标准。一般人吃甲鱼，以三四月间为最好时光，因为这时候牡丹盛开，所以叫牡丹甲鱼。一过端午节就不能吃甲鱼了，这时候水温升高，甲鱼由肥转瘦，加上蚊蚋最喜欢叮甲鱼，有时候还会中毒，这种甲鱼叫蚊子甲鱼，老饕们是不愿下箸的。到了中秋桂花盛开，这时候甲鱼又肥又嫩，叫作桂花甲鱼，才是食客们吃甲鱼的时光呢！"

　　秋令吃桂花甲鱼讲究清补，跟冬令进补不同。你别小看这一盅清炖甲鱼，加笋衣、火腿用文火来炖，足足炖了两整天，到了骨酥、肉嫩、汤清程度。中秋赏月喝点桂花甲鱼汤，除了适口充肠，在盛杏荪生前算是盛公馆一道应景名菜呢。我当时虽然只喝了一汤碗，果然润气缥清，堪称妙馔。时序新秋，举杯对月，不知瑞九伉俪在沪尚有吃桂花甲鱼雅兴否？

玄霜酒、月华糕: 乾隆慈禧两朝的中秋

好像吃完粽子没有多久，一眨眼又到了中秋节该吃月饼的时候了。每年三五旧游把酒对酌，总免不了纵谈往事，一边聊天一边让我把所知道当年宫廷是怎样欢度中秋的写点出来。清代历代帝王中最讲究享受的，一位是清高宗乾隆皇帝，一位就是两度垂帘的叶赫那拉氏慈禧皇太后。

自从康熙在热河兴建了避暑山庄，每年总要等到金风荐爽，玉露凝霜，过了中秋佳节，才启驾回銮。乾隆皇帝弘历是康熙五十年（辛卯，1711）八月十三诞生，而且是卯年即皇帝位，同时又是卯年称太上皇训政实

行内禅的，因此对这个"卯"字特别重视而有好感。而他的诞辰，又跟中秋节相连，蟾宫玉兔又暗合"卯"字，所以每逢中秋令节，总是过得特别高兴，一般近侍弄臣，为了博得这位十全老人欢心，更要把这个节日装点得絾细耀彩、灿烂缤纷了。康熙既然是在热河行宫度过中秋才銮舆驾返，因此他更有词可借，每年万寿总是在热河行宫举行，所以中秋也以在热河度节为多。

乾隆在热河过节，内膳房向例在八月初就要准备万岁爷供月的月饼备用了。据说最大一只宝塔式月饼重逾十斤，名称叫"年年有"，两只三斤重的玄霜月华饼，都是月光供必不可少的祭品。此外赏月用三寸大的小月饼，那就是赏赐王公以及宫眷用的啦。

八月十五一交酉正，皓月东升，皇帝在莲花套大营或是百花洲设置月光供。万岁拈香拜月焚燎撤供之后，宝塔式的大月饼遵例妥慎保存起来，留到当年除夕再吃，取一年到头欢喜坚固的口彩。三斤重月华饼则以一只进奉皇太后，以分赐皇后及各宫妃嫔们，名为散福。另一只皇帝则留归自用并赐侍从人等。皇帝吃月饼时，各处都燃放五彩焰火来助兴，照当时情形来说，还不算过分糜费。

普通人家过中秋，只过八月十五一天，慈禧是最会出题目、凑热闹的，自咸丰驾崩从热河还京，她过中秋改为从八月十三到十七为止，一共要过五天，除了八月十五当天是正节外，前两天叫"迎节"，后两天叫"余节"。她老人家认为"饼""病"两字谐音，"月""饼"二字连起来念，听起来好像妇女们最厌恶的"月病"，于是叫督总管崔玉贵，传皇太后懿旨，叫了多少年的月饼，在内廷以后一律改叫"月华糕"，同时规定月光供果品中的藕要用九节的，叫"平安藕"，取节节平安之意，西瓜中剖切成莲花牙，叫"团圆瓜"。宫廷之内，大家都谨记改口，否则让皇太后听见会不高兴，甚至会加以斥责的。

在"迎节""余节"这四天里，都在颐和园景福阁吃烤肉，月台上摆满了吃焐烤涮的用具、作料。照说吃焐烤涮应当是用牛肉、羊肉，可是清宫规定郊天福禘才准用太牢设祭，平素牛肉是不准进入宫门的。可是吃焐烤涮，只有羊肉独沽一味，实在单调，因此慈禧又别出心裁，用吉祥好听的名词"福禄寿考"来吃焐烤涮。所谓"福"是用鸡片跟关东雉鸡片，所谓"禄"是关东麋子跟鹿肉，"寿"是大尾巴肥羊，"考"是松花江的白鱼切片。至于烤肉用的炭火，是选用产自北京西山的"银丝红罗炭"；烤肉木柴是产自长白山的松柏枝；涮锅子用的炭是吉林松柏木烧成的松香炭，而且在炭火里不时要添点老山松子、松塔。这过节几天御用的鸡雉鱼鹿、松柏枝、松香炭、松子、松塔统由东三省的官员负责备办齐全，还要特派专人赶在八月初十以前赍送颐和园御膳房收存备用。当年赵次珊、徐东海都办过这项皇差，据说层层挑剔实在头痛呢。

在景福阁吃完"福禄寿考"御筵，大家簇拥老佛爷到水木清华的谐趣园、涵远堂抽袋水烟消食散步，接着坐小轿到颐乐堂入座听戏，欣赏传差进宫的一些内廷供奉跟升平署太监们演出的应节好戏，总不外是"天香庆节"一类吉祥新戏，每天剧目换新，声歌达旦。

十五日到了正节，早朝时太后、皇帝先在排云殿接受三品以上文武官员的朝贺，中午仍在景福阁大排御宴。按照御膳房内档记载，这桌御宴叫"黄盘野意酒膳"，馔品菜式全照当年乾隆在热河行宫过中秋时排场，一律使用金银器皿，五福捧寿嵌金银丝珐琅碗盘，并有丹桂飘香图样，用资点缀佳节。

入晚则在昆明湖上举行"泛舟赏月灯花宴"，在开筵之前，早在琼楼玉宇高处的紫霄殿，预先搭好五丈多高一座银白色锦纹缎金顶云龙的大幄，叫"夜明幄"，幄内正面设有九龙夺珠围幕，金钺玉斧、宝盖珠幢分别左右，幕前摆着宝座、九龙镂空墨玉长案，正中供奉"夜明之位"神龛，幄内四周和顶篷张挂月白色壁衣，地上铺着厚厚的俪白妃青地毡，人在幄中恍如置身如梦如幻的广寒仙境。这一桌"太阴供"荐蜻翅之脯，进秋江之鲙，酌玄霜之酒，献月华之糕，上方玉食，珍异悉备，鲜美精巧那就不必说了。祭礼开始，太后主祭，皇帝率王公大臣在左，皇后率妃嫔、王公大臣福晋命妇在右，由钦派大臣朗诵骈四俪六祝文，太后拈香叩拜默祷，皇帝、皇后率众行礼如仪，再由道众奏乐诵经送燎，这祭月大典，方告礼成（民间传说男不拜月，在宫中，皇帝及王公大臣均各跪拜如仪，并无所谓男不拜月说词）。

祭月之后，太后在排云殿月台上安设临时宝座，把祭月撤下来的糕饼果品分成若干堆，摆列在御案之上，与祭的人各一份，就在门洞里席地而坐，共度月圆，这还有个名堂叫"排云殿分克食"。当时外臣内觐，如蒙许赐祭月大典，排云殿分克食，无不视为圣眷殊荣呢！分完克食，才开始赏月节目。御舟游船依序迤逦而行，船上旨酒灵肴罗列满前，船的四周挂满银饰彩仗、各式宫灯，船尾由升平署打起十番，吹起清音，太监们在沿湖各处，不断竞放焰火花盆，直冲霄汉。小太监们更不时燃放河灯，莲花万盏，流光千斛，清音逸响，大月高悬，一直到月阑人散。这样一个中秋佳节，不知要耗费多少国帑呢！传说当年翁常熟任户部尚书时就因为夜明幄内务府报销五十万两银子，翁力持不可报销，慈禧因此怀恨，才去官的。究竟是否属实，虽非尽然，可是也不能说没有牵连呢！

吃年糕年年高

中国无论哪一省，到了过年的时候，都要买点儿年糕或蒸点儿年糕来应景。笔者初来台湾时，友人馈我一方年糕，细而且糯，比起北方秫米面或黄米面蒸的年糕，要细致好吃多啦。北平比较高级的年糕是红白年糕。所谓白，白已近灰，所谓红，红已近褐，或作长方形，或作元宝形。除了天地桌上为不可缺少的供品外，就是除夕团圆饭桌上点缀品而已。

谈年糕以浙江宁波的水磨年糕称首选，因为干燥适度，能久藏不坏，切成薄片用高汤、雪里蕻、冬笋丝煮汤年糕，比吃刀削面还来得滑爽适口。有一年我在太原，适逢春节，赵戴文（次泷）先生请我在他家吃宁波汤年糕。我心里想，山西朋友做宁波年糕，恐怕未见高明，谁知端上来碧玉溶浆，柔香噀人，色香已列上选，吃到嘴里方知是酸菠菜泥烩的，糕薄泥腴，太羹醇液，其味弥永。虽然事隔多年，现在想起来仍觉其味醰醰呢！

无锡巨绅杨赞韶家，在无锡雪浪山下有一块水田，大概是土质关系，出产一种糯米，柔红泛紫，他们称之为"血糯"，用松子、核桃、桂花，做出猪油年糕来，那比苏州采芝斋紫阳观做的粉红年糕要高多少倍。第一不加任何颜料，柔光带红，呈现自然粉荔颜色；第二清隽松美，糯不粘牙。因为产量不多，每年春节只做一次，禋祀庙祭后分馈亲友，称之为"粉荔迎年祭"。杨府跟舍下是姻亲，所以尝鼎一脔。后来在无锡吃船菜，有一个叫青凤的船娘善做血糯年糕，虽然色香味可列上乘，可是跟杨府粉荔迎年的年糕相比，又有上下床之别。

　　年糕虽然甜咸皆有，但我总觉得咸可当餐下酒，当年柳诒徵、贯禾叔侄在世时，每年春褉在南京扫叶楼举行白下诗钟雅集，并以晒干莼菜、冬笋切丝加鸡蛋炒宁波年糕飨客，桌上放置美国方瓶鸡汁酱油精，供客自调咸淡，入口芳鲜，为炒年糕隽品。后来在北平用韭黄代替干莼菜，味道就没有莼菜来得腴润滑香啦。

北平的重阳花糕

　　重阳节依据《续齐谐记》上记载："汝南桓景随费长房游学，长房谓之曰，九月九日汝南当有大灾厄，急令家人缝囊盛茱萸系臂上，登高饮菊花酒，此祸可消。"《土风记》云："汉俗九日饮菊花酒，以被除不祥，茱萸插头，言避恶气，而御初寒。"照以上两书所说，古人重阳登高饮菊花酒、佩茱萸是防秽避灾，以消阳九之厄的了。所谓茱萸有两种，一种普通茱萸是可以食用的，一种药用茱萸又名吴茱萸，那就是入药用的了。菊花也分草菊、药菊两种，现在菊花酒已不多见，可是喝菊花茶仍然很普遍。北平饽饽铺做的花糕计分三种，粗花糕（大型）、细花糕（小型）和毛边花糕。

粗细两种花糕都是用菊花形模子烙出来的，用料方面细花糕精细，粗花糕的粗放一点。至于毛边花糕，用料不比粗花糕差，只是揉成大块，然后切成方块卖，卖相稍差而已。无论哪一种花糕，早年都粘上一枝嫩茱萸叶，直到抗战胜利回到北平，花糕上的茱萸叶才取消了。

据毓美斋掌柜的说：粗细花糕四边都嵌松子，面上粘一点茱萸嫩叶，当年师傅就是这样传授的，遵古炮制。其实细一研究，这些都是根据《荆楚岁时记》的记载而传流下来的。

北洋军的曹锟最爱吃重阳花糕，当了大总统之后，有一年关照嬖人李彦青订一批重阳花糕给他几位贴心的旧属，谁知李彦青事一忙把总统交代的这件事给忘了。重阳佳节曹锟在怀仁堂宴请各政要听京剧，他忽然问王承斌吃到花糕没有，王承斌根本未蒙赐赠，又未便深说，只好含糊其辞。李彦青知道其事不妙，早晚西洋镜拆穿，一定有麻烦，于是连夜派人到正明斋叫开大门，立刻开炉忙做了两千只分别送出。后来正明斋的郭掌柜说，过了重阳再做花糕，还是他毕生仅有的一次呢。但此例一开，北平饽饽铺一年到头都有重阳花糕卖啦。

冬补琐谈

今年农历闰六月，入冬较迟，到十一月八日（农历九月十九）才立冬，十一月初四冬至，报上登载近两年冬令进补的人越来越少，立冬那天，中药店的东家伙计们都坐在柜台旁边打盹儿，生意比往年来得稀疏清淡。可是过个没几天，报纸又登载因为冬令进补的关系，桃园新竹以及中南部的烟酒零售商，呼吁米酒都被进补的人买去，米酒缺货，想买瓶米酒来当料酒，简直都戛戛乎其难。

照实际情形来看，中国从古迄今，冬令进补已有数千年悠久历史，有些人先天不足、天生羸弱，有的是大病初愈、体气未复，还有常年劳动、体力消耗过甚，经年用脑过度、精力亟待补充，照以上种种情形来看，就是西医也主张针药并投，并非绝对不赞成进补，不过明明体健身强，每年入冬也要"四物""八珍""十全"大补一番，就非西医所能赞同的了。至于中药冬令培补的药物，也分"平补""温补""清补""涩补"，方法很多，要按个人体质寒火，病源所在，亏损程度的轻重，对症下药，再按药力药量加以增减，并不是死死板板一成不变的。

为什么选择冬令进补呢？按照大陆习俗，立冬是十月节气，"冬"是终了的意思，虫蚁蝇蝎交了这个时序，都要蛰伏潜藏起来，所以叫立冬。中原一带，已经是朔风凛冽，关东漠北更是瑞雪纷飞、非裘不暖了。

依照中国传统的说法，中药的补剂，偏向燥热亢奋性质者居多，天候严寒可以抵消部分亢燥的药性，如老山野参、梅花鹿的血茸、牛鞭、鹿鞭，都是峻烈炙热性质的补药，体气健壮的人，随时服用，极易引起虚火亢阳的后果，必须选择奇冷酷寒的季节来进补，才能发挥药效，否则无益而且有害。

江南闽粤，地近亚热带，立冬前后，气候只是寒气袭人，不到凛冽酷寒程度，甚且有时候突然回暖有同阳春，就是体弱畏寒的人进补，也只能温补，峻补仍旧是不相宜的。所以进补要看节气冷暖而定，立冬进补以温补为尚，若要大补，最好到三九酷寒服食，才能使药效发挥到极致，而又不产生副作用呢！

西方医学随科学昌明而日趋进步，对于人体的组织、器官机能，都有精辟的分析。同时对于物质的元素，更有准确的厘定，头痛医头，脚痛医脚，剑及履及，所用补剂，以针剂为主，皮下、静脉兼施，再辅以丹丸片液，如响斯应，真有立竿见影之效。而中药"冬令进补、以形补形"的一套说法，早些年西医认为，国人对于"补"的观念，过于笼统，而中药的药效，许多又未经证实，纵或含有若干营养成分，但究竟能产生多少药理作用，对健康究竟能产生什么实质上的帮助，还没有肯定的科学根据。这种恶补，虽不一定有什么害处，但也谈不上实际有多少补益。

自从欧美医学界发现甘草、麻黄的确有卓著的药效后，进而研究人参、鹿茸、银耳……经过若干人的分析化验，这些补品确实各有独特药效，而中药品类浩繁，有的对神经系统，有的对血液系统，有的对消化系统，都有不同适应需要的功效。对于冬令进补的习俗，于是逐渐改变旧的观念，并不一味断然反对，只是认为正确进补方式，首先，要了解自己体内所缺少的是何种营养素，然后对症下药，才能对人体产生实际效果。一味盲目峻补，不但浪费金钱，而且对身体有害。这种道理，质之中医又何独不然，中药之有平补、湿补、清补、涩补，种种不同培补方法，就是这个缘故。不过中医一向有大而化之，不愿深入的惯性，习而不察罢了。

中药补品种类虽多，但大致可分两类，第一类是纯用药材煅炼的，第二类则是各种兽肉鳞介。有些补剂以第一类为主，第二类为辅，又有些以第二类为主第一类为辅，这种刚柔相辅相成、水火既济、君臣相配的医理，几千年流传下来，取法于古，摘抉精审，不是对于药性医理研几析微，是无法说出所以然的。

秋风起兮三蛇肥，岭南补品以蛇羹为多。一交立冬，各大酒楼餐厅都以三蛇大会、全蛇大会、龙虎斗来号召，其实蛇羹除了味道鲜美可以大快朵颐外，冬季多吃几次，严冬不太怕冷那是事实，至于真正功能乃在蛇胆。蛇胆功能明目、驱风、祛湿、活络、除痰、下气，对身体确实十分有益，近年日本医学界也认为蛇肉、蛇胆对人体补益很大，台湾又是毒蛇产地，有些日本人来台观光，都买点蛇粉、蛇胆丸带回去当珍品送人呢！

羊肉也是冬令进补的恩物。不过黄河以南没有大尾巴羊，都是山羊，肉味膻而微臊，再加上南方人喜欢带皮吃，而且烹调不甚得法，所以不大受人欢迎。如果以羊肉进补，必须清炖，配以淮山药、枸杞子；怕羊肉膻味，可放上几枚带壳的桂圆干，对于冬季手脚冰冷、虚弱、贫血，均有显著功效；加入羊肝同煮，凡是视力不清的人，效力更为显著。不过患有感冒的人忌吃，等感冒好了，才能进补。

甲鱼的好处很多，主要的功能是养阴，凡是睡眠不足、烟酒过多都极相宜。吃甲鱼要不大不小，以马蹄子大小为度，文火清炖，最多放点桂圆肉，其他药材均免。如果放入其他温补药材，反而会减低滋阴的效果，阴虚肺弱的人，多吃几次甲鱼，适时适量，可能转弱为强。

野鸭、乳鸽、鱼头、猪脑，都是属于滋原养阴一类补品，炖羊肉、煨牛鞭、烩三蛇，属补血强肾的食物。二者性质不同，功能各异，用之得当咸能适应不同性质、不同程度的需要，药补食补混为一途，令人不致食难下咽，有吃药的感觉，这可以说是中国传统补品的最大优点。

　　中药中最贵重的补品，自然是人参和鹿茸啦。人参、鹿茸都是中国东北特产，鹿茸分成对的鹿茸、鹿茸片、鹿茸粉。在东北，野生鹿茸价值最高（民国初年黑龙江督军孟思远孝敬洪宪皇帝袁项城一对极品鹿茸，绷在玻璃锦匣内，据说那个时候就要上万银圆一对了），开出片来，澄黄凝玉，隐散葩香，拿来炖鸡，是绝妙补血良方。现在台湾野生的梅花鹿因为滥捕的结果，已经日渐稀少，冬补所用鹿茸，多半是人家豢养的。鹿角刚长出不久，角上长满细软冗毛，锯开之后，因为还没有变成骨质，血脂半凝，台湾中药店称之为血茸，说是最好的补血上品。以药效来讲，自然稍逊澄黄透明的鹿茸，不过台湾地属亚热带，就是三九天气，比起关东塞北简直谈不上寒冷，冬令进补，以血茸入药也尽够啦！

人参中，当然是以吉林长白山一带野山人参药效最好，可以说补药之王，益气养血，功效显著而且迅速，所以它的价值比鹿茸要高出若干倍，一枝成形的人参，是可遇而不可求的神品。近年，欧美医学界正在研究人参的功效究竟如何，褒者贬者各执一说，尚无定论，不过一般人死后三小时，尸体就僵直冰凉了，如果临终前服过浓厚人参汤，则尸体经过六小时，尚温软如生，那是一点也不假的。人参之所以名贵，由于它总是生在霭抑冥密的深山峻岭里，其本质又细弱娇嫩，虽然生长在冰天雪地酷寒地带，可是又要寒中带暖，避风向阳。有经验的参户们说：叠嶂环抱，薄日烘云，四隅峭仄，中心砥平，经过十年二十年的孕育，才能有成气候的辽参，还要经过洗、烤、修、晒，才能售得高价。

韩国人工培植的高丽参，虽然也具益气补元的功效，那比我们东北野山参可就差多了。至于舶来品的花旗参属于清凉温补之剂，跟人参的作用就迥不相同了。

妇科补药以当归为主，男人补品有北芪、党参、淮山、枸杞，药虽普遍，可是冬令进补都是主要的药材。近年来中药仿照西法提炼的鹿茸精、鹿茸精片、人参精、人参精片、当归精、当归膏、蜂王精、紫河车片，价钱便宜，服用简单，经过医师指点，按照各人禀赋所缺，适时适量地服用，也是颇具功效的。

比较清淡一点的补品，有莲子、桂圆、银耳、燕窝；列入珍馐的补品，有海参、鱼翅、干贝、鲍鱼、鱼肚、牛鞭、蹄筋……个中所含成分无非是糖类、蛋白质、钙、铁而已。一般说来，大家认为最名贵的鱼翅，所含蛋白质有百分之六十以上，可是相对人体最需要蛋白质的成分而言就极为有限，其实那些对人体有益的成分，在蛋类、鱼肉、黄豆、牛奶里都可以获得，同样富于营养，价钱可就便宜得多了。

因此要补充营养，富有的人当然可以随自己高兴进补，讲究美食美味，来满足口腹之欲。如果精打细算一下，不一定要吃高贵补品，山珍海味，只要能济其所缺，才是我们迫切需要的呢！在吾人日常生活中吃的米、面、杂粮，各鱼虾肉类、牛奶、鸡蛋、蔬菜、水果，都是补品珍馐，能够不择食不偏食，实在无须讲求什么冬令进补了。至于有些人身体组织、器官、机能，先天后天的违遭，新陈代谢的失调，那就要请教高明中西医，酌情投以补剂啦。

天寒数九话皮衣

　　宝岛台湾夏季虽然郁热蒸熏，让人喘不过气来，可是到了隆冬三九，内地正是呵气成云，滴水成冰，冻得人哆嗦发抖，缩手顿脚的时候，台湾如果没有寒流来袭，那简直跟内地春秋天一样地令人神清气爽舒适异常。三十年前台湾刚刚光复，台北中华路一带还没有改建中华商场之前，在铁路的两边的栅户地摊上，偶或还能够发现男装女装的皮袄皮大衣待价而沽，想必都是内地来台士女们带来压箱底的皮货。时光荏苒，一晃三十多年，近十多年来要想在中华商场或是万华一带残存的估衣铺趸摸点旧皮货，那简直如大海捞针难上加难了。

　　台湾的隆冬岁腊，若是碰上巨大寒流接踵而来，照样寒飙凛冽，清沧袭人。走在大街小巷，青年男女虽然很少有穿着皮衣外出的，可是年高血气两衰的，穿上皮袄来挡挡寒气的也还颇有其人呢！

　　记得一九五〇年圣诞夜，台湾与英国尚未"断交"，淡水英国领事馆特地举行圣诞晚会。天刚傍晚，忽然下起小冰珠来，虽然落地就化，可是西北风儿吹刮脸上居然有点刺痛，这样冷的天气在台湾实在太难得了，笔者那天特地把压箱底的皮大衣拿出来穿上赴宴亮亮相，同时也趁此机会让皮衣透透风。想不到各国淑女名绅都是纷御狐裘貂袄前来与会，我方应约来宾浦薛凤、任显群两位也是穿了皮氅来的，区区这件皮大衣总算不枉飞天跨海万里关山带到台湾，居然也派了一次用场。

　　当年在内地有些讲究穿皮的人家，一到

冬天先穿小毛，再冷换穿大毛，先穿弯毛后穿直毛。清朝对于什么节令穿什么皮毛都有一定之规的，《宫门抄》先厘定日期，昭告臣民，到期大家一律改穿，名为换季。行走宫廷之间的文武官员，一律恪遵，不容稍有混淆，否则是要受处分的。

所谓弯毛也就是羊皮，一般人都知道老绵羊皮是最普罗化的皮袄了，白茬儿筒子，不吊布面，不钉纽扣，用一条搭膊（布袋子华北叫"搭膊"）往腰里一系，虽然不雅观，可是温暖利落，是一般卖力气朋友们冬季的恩物。羊皮是西北特产，分西口货、北口货两种，其中以宁夏产品最好。毛头细密而长，质地轻柔而暖，高级品叫"萝卜丝滩皮"，毛穗有九道弯，可想羊毛有多长啦！还有一种特级品"竹筒滩皮"，整件长皮袄筒子，能卷在粗仅盈握的竹筒子里，这种皮筒子是如何的轻软名贵，就不难想象了。

"黑紫羔"也属于羊皮的一种，毛头黑

亮，在日光底下一照，表里都泛出殷殷深紫颜色。青海、宁夏、新疆都出产紫羔，其中以新疆库车的最著盛名，毛头细短，拳曲韧密。清朝定制凡是列入品级的职官，逢到国殇，临哀吊祭都要反穿紫黑外褂参加叩拜，因此大家把黑紫羔视为不祥的丧服，就是讲究收藏皮货的人家，也不愿意收藏黑紫羔的。一遇大殇全是现买现做，除服赏人，皮货庄碰上了这种好生意，染色羊皮就借此大批出笼。由于早年染色技术欠佳，霜雪一沾，顺手掉色，这种假紫羔当然就更没有收藏价值了。当年有句话是"少不了的金丝猴，不上谱的黑紫羔"，凡是收藏家一定要有金丝猴皮货才算搜集齐全，可是没有紫羔。

金丝猴的毛有一尺多长，五色斑斓，隐现金光，大都是拿来做成坐褥，铺在炕上取暖之用。传说当年北洋军阀中有位土包子师长，拿金丝猴做了一副套裤，因为底毛太长，只好卷在裤筒里头，走起路来自然显得鼓鼓揣揣。有一次他去中海居仁堂参加直奉军联席会议，会场戒备森严，门卫看他军服臃肿步履蹒跚，坚不放行，后来弄清楚此公是穿了皮套裤的原因，从此就被大家封为套裤师长矣。

说到黑紫羔还有一桩故事。民国初年北平东交民巷法国公使馆（当时不叫大使馆）有几位法国员司忽然对于黑紫羔发生兴趣，在北平各大皮货庄大量搜购。绅士们做帽子、换大衣领子，淑女们做反穿大衣、手笼子，一时间供不应求，于是有少数商业道德差的皮货庄就把沙羊皮拿来冒充。这种染过色的沙羊皮乍看很像紫羔，可是宜于远观，不能近觑，要是走近仔细地瞧，黑则黑矣，可是黑不泛紫，光芒更差。还有一桩事，令人腻烦，纵然是反穿，可是从雪地一走进有暖气的屋子，立刻有一种轻微的臭味，因此热闹一阵子之后，穿紫羔的风气也就烟消雾散啦！听说盖仙夏元瑜兄染皮子的手艺别有窍门，染出来的假紫羔可以乱真，可惜当年皮货庄那些皮匠们不认识他。

"珍珠毛"又叫"藏羔"，顾名思义是出在西藏，这种羔皮是胎羊已经生毛，还未等到小羊降生，就把母羊剖腹取出来的。取胎羊时间要掐得准，太早仅生茸毛，稍晚毛长不曲，都不值钱，而等茸毛鬈起像一粒粒米星珠子似的时取胎才算上品。珍珠毛有黑白两种颜色，黑珠羔产量少，所以两者价钱相差很多。内地在凉秋九月，已凉天气未寒时穿珍珠毛，为期不过短短十来天，而且剖腹取胎过分残忍，有些人宁可穿衬绒袍也不愿意穿珍珠羔，就是这个道理。可是一般讲究玩皮货的人，最少也要有一件坎肩或马褂来聊充一格，才算皮货收齐全了呢！

笔者小时候一到冬令看见人家穿着皮袄，就眼热得不得了，可是恪于家规，小孩子不到成年，一律不准穿皮衣。一则是怕从小养成奢靡浮夸的心理；二则是小孩筋骨不加以锻炼，将来外出就业闯南荡北，如何能够抵御酷暑奇寒？后来家里给我做了一件珍珠毛的马褂，春节外出拜年，穿在身上沾沾自喜得意非凡，后来到了真正有资格穿皮袍子时候，才知道自己当年所穿是麻丝做的赝品，根本不是什么珍珠羔呢！

谈到直毛皮货种类可就海了去啦！大概凡是四条腿的动物，都可以拿来做皮袄或褥子垫子等的。直毛最便宜的要算狗皮猫皮啦！狗皮虽也能挡寒，可是皮板太硬，而且太重，拿来做褥垫子铺在炕上取暖倒不错，喜欢穿狗皮大袄的多半是巡更守夜看家护院的爷们了。猫皮比狗皮轻软，当年练武的人讲究穿猫皮套裤，什么理由咱就不得而知了。当年巡更人住的更房，大炕上总要铺上一张猫皮褥子，据说冬天上夜，少不得要呷两盅赶赶寒气，拉拉杂杂剩下点鱼头虾脑，最容易引来老鼠，铺上猫皮褥子，鼠类就闻风远扬不敢轻捋虎须啦！至于是否灵验，传说如此，咱们就姑妄听之吧！

"貉绒"俗名"关东貉子"，热河围场一带貉子最多，因为它爱吃一种黑壳甲虫，身上时常发散一种怪味，虽然皮板深厚，毛头滑润温暖，可是当初不能列为皮货上品。后来欧美各国影剧女星，提倡反穿貉绒女大衣，一阵风行，貉绒的身价，立刻增加百倍。

狼皮有"古狼""银狼"两种。古狼毛长板重，如果做皮袍穿，暖则暖矣，可是太压人，所以古狼皮也是拿来做褥垫子的居多。至于"银狼"又叫"白狼"，取它腋部做皮袍子，那又算是上等皮货了。

民国初年北京瑞林祥绸缎庄皮货庄忽然陈列了几张黑熊皮出售，毛滑绒厚，一色纯黑，别无杂毛，据说是长白山猎的大黑熊，跟所谓蒙古褐熊（又叫草地熊）毛头光彩两者简直没法相比。这种蒙古褐熊经过制皮毛工厂巧手毛匠加工整理染黑，皮货行给它起个名字叫"青克拉楞"，外行人谁也摸不清是什么兽类，其实就是蒙古狗熊皮染色。天桥的一班新出道鼓姬都喜欢用"青克拉楞"做大衣的皮领子，远看倒也黑而且亮，缺点也是容易掉色，在呵气成烟的冬天，时常把玉面朱唇染成半边美人，后来大家也就不敢用来做皮领子啦！当时东北黑熊皮都是整张硝好运来北京的，尺寸过大，用来做褥子糟蹋材料太可惜，有人索性把它铺在小客厅地毯上暖脚，反而实惠得用。

"金钱豹"的皮，斑斓耀彩，中国人喜欢拿来做褥子或炕垫。自从北欧几个国家，有人花样翻新穿豹皮大衣，再配上豹皮帽子、手笼子，于是豹皮在国际市场大涨，直到目前豹皮大衣在欧洲价钱还是很贵呢！

虎为百兽之王，中国古代王侯爵邸宝座都罩上一张虎皮，三军统帅的中军大帐，卤簿仪锽赤帻戎冠，主帅座位要披上张虎皮，才显出鍪铠俨雅我武维扬。

"灰鼠"又叫青鼠，吉林长白兴安岭都有

出产，背灰腹白，跳跃灵活，极难捉捕。淡灰泛白的是上品，深灰色是中品，灰里泛红的是次品。全部用灰鼠脊背拼制的皮筒子叫灰背，因为耗用灰鼠太多，一袭灰背要比灰鼠价格贵上两三倍，于是大家都不舍得用灰背做皮袄，做成反穿女大衣，既轻暖又高华。中外名媛都喜欢灰背大衣，尤其北欧有几个国家，比貂皮还看重呢！

"银鼠"又名石鼠，也是长白山特产，聚族穴居，因毛色银白，猎人在冰天雪地极难发现，可是一经踩出银鼠进出秘道，一网捉个三五十只并不稀奇。不过银鼠虽然洁白色纯，可惜皮板太薄，过分娇嫩，在时序轻寒天尚未冷的时候，一袭银裘穿在风姿绰约、肤如凝脂的闺秀名媛玉体上，真是雍容高雅、卓然不群。

南美洲有一种"兔鼠"，躯体比灰鼠、银鼠稍大，听觉视觉异常机警，纵跳如飞，是鼠类最难猎捕的一种。它们生活在一万英尺以上的高山草丛岩穴里，毛色蓝中带灰，欧洲年轻贵妇都普遍喜爱它。去年在巴黎女服展示会上一件兔鼠女大衣大约是四万至六万美金之间，其名贵可见一斑。

"猞猁孙"简称猞猁，是介狐鼠之间一种兽类，产于乌拉山带，体态轻盈，能在枯木繁枝猱升跳踉，古人叫它天鼠。它的耳大毛长，形状跟狐狸近似，所以有人说它是狐，又有人说它是鼠，其实非鼠非狐是另外一种动物（夏元瑜兄说它是东三省产的一种大山猫）。猞猁皮的底板坚柔，枪子耐磨，是做皮袍子最好的材料。

狐的种类最多，有"玄狐"（又叫元狐，俗称黑狐）、"青狐""白狐"（又叫银狐）、"火狐"（又叫红狐）、"沙狐""草狐"等。玄狐也是产在东北，极品玄狐纯黑发亮面带白针，到了清朝初年，已经少见。凡是猎到玄狐的，认为国家祥瑞之征，十之八九列为贡品，进奉皇家。皇家也只是冬令郊天祝厘时才御玄狐袍褂，赏赉止于亲王。亲王薨逝，还要立刻缴回，除非奉旨赏还，才敢收归己有，加以庋藏。所以当年的王公勋戚、显宦豪门就把玄狐视为无上珍品呢！

"青狐"，辽宁昂昂溪、铁岭都是青狐产地，颜色是青里略带黑黄，黑多黄少的算是上品，黄多黑少价钱就差了。虽然青狐毛色驳杂，并不十分美观，可是据说当年努尔哈赤行围射猎，如果穿了青狐皮氅，一定是出行大吉射必中的，满载而归。从此清朝皇帝就把青狐视为祥瑞之兆，后来并且定制，要晋爵贝子贝勒才够资格赏穿青狐，其重视程度，可想而知。

"白狐"除了轻暖之外，论颜色是洁白如玉、晶莹胜雪，穿上一件白狐女大衣周旋于明珠金翠、银衣朱履之间，一枝独秀确有鹤立鸡群的感觉。当年富贵人家，陪嫁妆奁里，白狐斗篷是不可缺少的，一般人家陪送不起白狐，也要弄一件假白狐天马皮来充充场面。

所谓天马皮，就是沙狐草狐肚子底下一块白毛，如果板子拼得巧妙，花头接得整齐，乍看也分不出白狐天马来。不过仔细一看，白狐的毛细长而润，天马的毛略短而涩。天马皮最大的缺点是怕樟脑，收藏装箱时只要撒了樟脑粉或樟脑丸，第二年拿出来穿，天马皮就由雪白渐渐变成乳黄色啦。

"火狐"又叫红狐，顾名思义，其红似火。笔者曾经看见过京南绿林总瓢把子钱三爷子莲有一件火狐大皮袄，是一对火狐做的皮筒子，照此推想狐身长度必定是出号的火狐，才能够用。火狐红润坚重，金缕闪烁，正配绿林大豪的身份。有人说当年北平城郊的四霸天各有一件珍奇的皮袄，可是谁也不愿意穿出来亮相，可能言者有据，谅非虚假。

"沙狐"又叫草狐。生于长城各口子，如古北口、冷口砂砾地带的叫沙狐，生于西北草原的叫草狐。这种狐皮算是最普通的狐皮筒子了，唯一的好处是压风，平素在口里口外赶火车拉骆驼的朋友，遇到连环旋风骤马骆驼就地一卧槽，他们跟着把草狐大袄没头没脸往身上一裹，也往牲口堆里一卧，任凭风怎么刮。风一停歇，他们站起身来，挥挥沙土，立刻上路，准保毫发无伤。

狐的种类繁多不算，狐身上用来做皮衣地方也各有名堂。头部叫"狐头"，腿部叫"狐腿"，并且有顺腿倒腿之分，更有前腿后腿之别。狐的肩臂交接地方叫"腋"，特别柔软，也就是《史记》上所说："千羊之皮，不如一狐之腋。"可见自古以来，狐腋之裘已经非常名贵了。"狐脊子"这种狐皮取自狐的脊背，毛头不厚，可是制出筒子来特别轻暖。民国二十年笔者在大同，当地赵镇守使的公子在买卖场买了一件灰狐脊皮筒子孝敬老太爷，酒席筵前赵镇守使一看乐得连喝三饭碗黄酒。据说他们当地乡风，凡是儿子能买件狐脊子孝敬上人，就表示这家出了一位孝子，而且是事业有成、飞黄腾达啦。狐身上最贵重的是脖子底下一块叫"狐嗉子"，这是狐身上最轻暖的毛皮了。从前家里如有狐嗉子一定先尽老年人穿，年岁未过花甲是不敢随便乱穿的。

谈到"貂"，连小学生都知道东三省三宗宝：人参、貂皮、乌拉草。本来东北各省松江、合江、安东、吉林、嫩江、黑龙江山区都是产貂地区，凡是越高冷酷寒的地方所产的貂皮越好越能保温。最大的貂身长也超不过三尺，前后腿不平衡，前腿短后腿长，尾毛像狐狸毛粗而长。东北南边的安东省产的貂毛根略带灰白色，猎人叫它"草貂"。吉林、黑龙江更冷地区的貂毛根泛紫名为"紫貂"，毛头细软厚密轻暖保温，比草貂的价钱高一倍还多。

猎人捕貂费时费工是一种专门行业，东北土话叫他们"逮老貂的"。每年一交霜降，猎人牵着猎犬，驾着雪橇，驮着冬粮、御寒用具结伴入山，先搭好了木屋，然后分头踩道。东北早寒，此刻千岩万壑都是落叶弥漫，一片枯黄，貂鼠虽不冬眠，可是趁着瑞雪尚未封山的时候，在茂草枯叶之间追奔逐北，寻觅食物。猎人探出貂鼠不时出没的地方，一一做好暗记，然后设下弩弓套索各式各样的陷阱。有经验的猎户此刻全部按兵不动，因为貂性机警，虽然住在枯木岩洞树窟里头，可是并无长久居住固定的巢穴，一下惊着它们，立刻远扬不归。何况天未大冷，皮毛还不够稠密，他们术语叫狩貂。到了冬至大寒，雪深盈尺，深山温度均在零下四五十度，此刻的貂鼠一个个吃得又肥又壮，底绒厚密，油水正足，按着雪痕爪迹，加以捉捕，人人都能饱载而归。有人说捕貂有用苦肉计的，方法是捕貂的先吃少许信石（砒霜），然后脱去上衣赤身躺在貂鼠出没的雪地上，貂性仁慈，看见之后必定跑来趴在人身上送暖，猎人乘机就把貂捕获了。笔者曾经问过东北朋友，他们虽没捕过貂，可是有亲戚朋友是捕貂能手，据说零下四五十度气候，任何精壮的汉子，就是吃过信石，赤身在雪地也挺不过半小时就冻僵了，就是貂鼠真来覆体也没力气捉捕，纵能捉捕也不过是捉个一两只，太不划算了。虽有这种传说，恐怕也不见得有这种事实吧！

貂在直毛皮货里，比任何名贵狐皮都轻暖适体不显臃肿。有一种"貂仁"皮筒子，整件皮筒都是貂的脑门一块皮子拼成，穿在身上如同穿实衲棉袍一样，轻暖不说，而且合身利落。试想一件貂仁皮筒子要用多少只貂鼠，价钱还能不贵得吓人吗？依照清朝制度，文官三品、武官二品以上才有资格穿貂褂子。反穿貂褂子讲究"貂翎眼"，这是皮货庄加工匠人（俗名毛儿匠）挖方做出像孔雀翎眼一样的花头，穿在身上显得特别雍容华贵。京官也有例外，翰林学士虽然头戴蓝顶子，但是可以反穿貂褂，动辄好几百两，一般穷翰林，这份儿行头如何置办得起？于是当时有一种"翰林貂"应市，所谓翰林貂实际就是猫皮染的，巧手工匠也能仿造底茸枪子让人真假莫辨。这种翰林貂，当年几十两银子就可置备一件，顶翎貂褂，鼗佩明珰，周旋于公卿士大夫之间了。而到了民国，貂翎眼的外褂虽说英雄已无用武之地，可是拆大改小，一变成了名媛贵妇反穿翎眼的名贵大衣啦。

先师阎荫桐夫子曾经任驻俄国塔什干总领事，据说俄国有一种野生"黑貂"比中国的紫貂还要名贵。这种貂又叫"俄罗斯伶鼬"，生在茂密蓊郁森林高地，它的皮毛浓密柔韧，人用口吹，也不能把毛吹开。而且，保温力特强，凡是穿戴貂皮衣帽的人，身上沾有雪花，在进屋之前，必须先行拍落，否则立刻融成一片雪水。俄国人因为黑貂皮价值高昂，于是设法用人工来繁殖，当然皮毛没有野生貂厚密耐穿，但是价钱仍旧是十足惊人的。

去年巴黎秋冬季时装展示会，出现了南

极貂皮女装大衣，跟我们东北的紫貂极为近似，时价是四五万美金，真正俄国纯野生的黑貂比南极要高三倍还有行无市，一袭女楼要十多万美金，岂不令人咋舌。

此外专门做皮帽子皮领子的有旱獭、水獭、海獭，三者之中海獭底绒厚、油水足，最好，旱獭最差，有一种不拔针的海獭，外观保温比海龙并不差，那是一些精于鉴赏的人才懂得穿的带针海獭，可称为物美价廉。另外有一种叫"海留"的，也是水獭一类，颜色绒头跟水獭仿佛，不同之处就是一个倒毛一个顺毛而已。至于海龙，颜色比水獭黑亮，而且带白针，不论是做皮帽子做大衣领子，的确气派不同，可是一定要身材高大魁梧的人穿戴起来才合身得体。要是瘦小枯干的躯干，戴上海龙四块瓦的帽子，穿上海龙领子大衣，活像北平有种泥玩意儿——小孩�躜坛子，不但不相称，而且看起异常滑稽。

孔庸之先生生前对于各种皮货都有深入

研究，据他说华中西南，到了冬季最冷的时候，也是要穿皮衣御寒的，不过雨雪烂漫，雾霾霉湿，不是皮板硬化，就是脱线走硝。如果皮衣有这种情形，赶紧送到山西请山西的朋友代为保存一冬两冬，然后拿出再穿，硬化走硝就全都化为乌有了。有人听信，照孔先生说法试过，果然灵验，僵硬皮板柔韧依然。内地来台的朋友如果有人带点皮货来台湾，要发现以上情形，将来不妨把这些皮货送到山西试验试验，一定能包君满意呢！

迎春话水仙

冬至阳生，一过冬至又是培养水仙花的时期，此刻培植花头，及至一元肇始献岁发春，则吴娃越艳，高雅婀娜，冷香宜人了。

水仙是一种国际性的花卉，欧洲中部，地中海一带，亚洲的日本、中国都有出产。尤其欧洲的荷兰，对于球根花卉最感兴趣，培植也最得法，所以拥有球根花卉王国的雅誉。依据园艺专家们统计，每年冬天水仙花季，欧美各国的水仙花，十之八九都是由荷兰供应的。日本不但气候适宜种植水仙，他们的花卉园艺，在国际间也是早著声华为人乐道，所以东南亚各国进口的水仙就由日本独占了。

我们中国的水仙花原产福建漳州，后来才在两广江浙分布繁衍起来。现在年终岁末，台湾各地花店摊贩出售的水仙花头，除了极少部分是日本输入，其余全是福建移来的品种呢！

水仙在花卉里，算是一种比较耐寒的球根花类，当年奉天省省长王永江平素自奉俭约，唯独对于水仙花，有特别偏嗜，他认为："水仙花的姿态清葱雅正，香味更是古艳霜洁，当年刚棱谋国的伍子胥、孤高自守的屈灵均，都是死后成为水仙、被人尊为水仙花神的，为了追怀先哲，所以酷爱水仙。沈阳冬季酷寒，只有辟筑温室洗涤供养。"据邹作华司令员生前在中心诊所养病时说："我进过王府的兰馨室参观，凡是水仙的名葩异种，可称搜罗靡遗。一进温室，冰清玉粹，香气沾衣，冷韵纤余，古人所谓百浣不歇，真不是欺人之谈呢！"我们当时在座四五位朋友听了之后，都为之神驰不已。

　　水仙的鳞茎细长，叶脉并行，有的像宝剑，有的如圆筒，通常叶尖都是圆健厚润。水仙的花姿有杯盏形、喇叭形、茗碗形，花瓣分单萼重台，颜色则有白花黄冠、橙花王冠、黄花大冠三种，至于浅绛、淡蓝两种颜色，则偶或一见最为名贵。养花人如发现浅绛、淡蓝两色水仙，无不视同奇葩，许为国之祯祥。水仙别名十二师，培植水仙只用水石，不近泥土，最为雅洁，所以说是文人可以亲手调培的花卉。照台湾气候，十二月份开始培植，如果气温正常，冷暖以时，而又浸洗曝阳得法，三十五天就能花轴着蕾，四十天准能吐艳发香了。当年北平护国寺远香花厂有一位花把式告诉在下说："养水仙不但要让它花朵如期开放，并且花轴要能随心所欲长成各种姿态，才算高手。在水仙花头刚一浸种的时候，就看雕镂花头的手法如何啦，雕镂的手法越细腻，将来花叶的姿势越柔美，要说是一种雕镂艺术，并不算夸大。冬季气候变幻，忽冷忽热，霜雪快晴，实在是令人难以捉摸，如果碰上气候反常风雪连朝，偶一放晴，想让水仙成为岁朝清供，那就只有使用催花方法了。阴冷乍晴，一遇冬日融舒，要赶紧把水仙花头提出花盘放进木盘（金属瓷陶器皿均差），选在背风向阳地方迎阳照晒。冬阳西偏，又要及时移进温室，用温水浇洗球根，照此方法将养经过一至三次，花苞即能提前怒放。不过向阳时刻的长短，次数多寡，水温的程度如何，那就要细心体会，神而明之，没有一定章法了。倘若雨雪霏霏兼旬不露晴光，那就改用电热加温，或用百支烛光灯头照射，也能收到相同的效果。有一年北平从冬至起，一直下大雪，偶或还有冰珠，远香花厂有二百多头水仙花，就是用电热催花，仍旧能赶上春节嫣然挺秀，馥郁迎祥呢！"

世丈蒯寿枢是皖庐世家，张广建甘肃督军任内，蒯任财政厅长兼硝矿局长，不但精于赏鉴古籍文玩字画，更富收藏，并且爱石成癖。他所爱的，不是奇磊嵯峨瘦皱丑怪的奇石，而是五颜六色、斑驳陆离的石头子。蒯老因为要展示夸耀他历年搜集的名贵石头子，抗战前一年，在北平翠花街他的寓所请春酒的时候，在客厅走廊避风阁子里，摆出了他所栽植的一百多株水仙，请来客观赏。他种水仙不用钵盆盘盏，而一律用的是宣德炉，炉底放的都是他视同珍宝，日夕爬罗剔抉珠切象磋的石头子。他说明朝香炉经过数百年驳蚀铜性已失，短期培养水仙，并无不宜。他所收藏宣德炉中有十几只是清代名匠仿铸，他不说明，我们是分辨不出的。这些假宣德炉所栽植的水仙，虽也着花，可是两者一比较，水仙花朵就显得尪弱暗淡，比不上人家夭娇秀拔了。

先祖妣曾随先祖游宦闽粤，养成培育水

仙习惯，后来定居北平，可是每年必定挑选二三十本名种奇卉水仙花头培养，点缀新年。她老人家的水仙花除了蟹爪形水仙，才用圆形花器，便于四面观览外，其余各形各式水仙花头一律使用长方形旧瓷花钵。钵底先用江石铺垫，江石是松花江特产，这种江石多在江底沙泉附近，泉水洄流激射，年深日久把围绕泉眼左近的石头子儿，镂冰琢雪，红云赪璧，一粒一粒，似玉如石，在南方是不经常见的。当年鲍贵卿驻军卜魁时候，酷爱江石，曾让善泅的兵勇，在夏季里潜沉江底捞取，冰纹剔花，碧缕朱纹，绚丽雄奇，令人目不暇给。据说江石能够聚热保温，经过日光照射久久不散，用来种植水仙，可以催花早发，蓓蕾茁旺。承他惠赠百余枚，老人视同拱璧，日常用清水供养，到了水仙花季，先把崭新棉花浸湿，轻裹水仙球根，然后稳嵌江石之中。经过几年试验，用这个方法比较一般水仙花，可以提早四天开花，如遇阴

844

霾霜冽异常气候，花期也没什么影响。笔者幼年好养，也跟兄弟姊妹各养数盆，等到鳞茎伸长，拿红纸围裹想好祝词，并预估发花年月写在红纸圈上，看看所言中否，以为笑乐。现在年近岁逼，花肆已有水仙幼苗应市，缅怀昔年情景，百感交萦，谁又有几许闲情逸致去培植案头清供呢！

冬雪琐忆

　　雪，在自然界里，可能没有比它更洁白的了，晶莹六出，赛玉欺霜，可以说人见人爱。古人说："胡天八月即飞雪。"在西北的贺兰山，东北的新辽河，到了银汉无声转玉盘、帘斜雾冷湿桂花的中秋佳节的时序，已经是阴霾四伏，惠然雨雪。平津一带如果恰逢上半年闰月，节气后延，到了霜降前后也能初见瑞雪了。瑞雪兆丰年，冬季雪越下得多，来年秋收一定岁登大有。根据老农们的经验，雪深一尺，蛰伏的虫豸螟蝗就向下深入三寸，如果一冬得雪四尺，来年田里稻谷就不会遭受虫害蝗祸啦。又说瑞雪初降，可以驱散冬瘟，所以一飞雪花，虽然落地即融，谈不上什么赏雪观景，可是初透嫩寒，一股子清新开爽之气，是够人们怡然舍吐、游目舒怀的呢！

北平初雪，气候尚非十分凛冽，六出初降，霏霙着地，一片泥泞，俗称湿雪又叫霄雪，是很少有人外出寻梅访胜的。一般骚人墨客，也不过是生起一只红泥小火炉，旨酒佳肴在炉，喝喝酒作作诗，聊以遣兴而已。要到大雪纷飞，积雪盈尺，才是外出赏雪、悦目赏心的美景良辰呢！早年三海御苑深锁，划为禁区，大众尚不能入园观赏，只能在金鳌玉蝀桥凭栏远眺琼岛春阴雪后的景色，近处赏雪差不多是到积水潭、什刹海，远点那就要出西直门到香山西八处，欣赏所谓翠微积雪了。民国十七年舍亲李榴孙初来旧京，住在舍下。有一天大雪初霁，他忽然雅兴大发，拉着我一定要去西山赏雪，刚巧他的挚友林庚白兴致勃勃赶来，约我们到颐和园去看雪景。庚白名学衡，又号众难，他对自己的诗，评价很高。认为杜甫的诗，恪于时代，境界有欠恢宏，不得已他这位摩登和尚只好忝居第一了。对于词的方面，他倒是自愧不如李榴孙的博雅雄奇。同时他俩对于命理的研究，各有独辟的见解，林著有《人鉴》，李著有《新命》，妙理玄机，互相倾慕。所以林、李旅平期间，过从甚密，如果西郊赏雪，两人说诗谈命，顿忘时晷，我们就要关在西直门外关乡的鸡毛小店过夜了。所以我提议到景山赏雪。景山的绮望楼是城里最高旷幽敞的所在，他们二位很久以前就想看看景山明思宗殉国的那棵劫余古柏了，于是欣然同往。瑞雪初霁，静宇无尘，林木明秀，景物澄鲜，眺望故宫，回环九阆，金翅明廊，银光皑皑，如同处身琉璃世界。两人相顾大乐，于是我们三人就在复殿一角以浮屠令联起珠来（联珠游戏，是榴孙发明的，古人联句，我们联字，下一字只求能跟上一字联来讲得通即可，往往能得绝妙佳句，调寄《浮屠令》由一字到七字，也是榴孙研究出来的小令）。当时联了七八阕《浮屠令》，可惜事隔四五十年，一阕也记不得了。

民国二十三年仲冬，家姊荷畴在北平借删若木世丈西山别墅养疴，大雪初歇，霜风冽冽，我陪力伯京大夫上山，做例行检查。顺便带了些牛羊肉片、烤肉作料，打算看完病在铁纱环护的夹室走廊上，用平日积存的松塔当木柴烤肉吃。庭阶有几株老梅，枝干丫杈，经雪凝寒，徐吐冷香，加上炙肉，合葱配韭，膏润腴香，风送户外，真能香闻十里。碰巧北平戏曲学校金仲荪校长陪同程御霜到西山来赏雪健步，时届近午，饥火中烧，突然闻寒梅炙肉，气味芳烈，跟左邻幻园（叶遐庵别墅）看门老头儿打听，知是我在吃烤肉，彼此熟人，于是他们叩门而入，做一个不速之客。御霜是梨园中有名的"酒嗓"，酒越喝得多，嗓子越嘹亮，看见子旁边有乡下烧锅里的二锅头，既来之则安之，顷刻之间，最少也有半斤老白干下肚。酒酣耳热，我烦他唱一段，让大家一饱耳福。砚秋平生最怕没胡琴干唱，因为抽丝垫字，非有胡琴托衬才能好听。正在为难，碰巧舍下的王厨子送粥进来，我忽然想起王厨子在山上没事就听收音机，有时跟着收音机的京剧唱片拉拉胡琴，倒也有板有眼，何妨叫他拉一段试试。王厨子一听，真是惊喜交集，他认为最拿手的是《文姬归汉》那段胡笳十八拍，试了试琴弦，居然合辙，于是就唱将起来，其中虽然有几个小腔托得有欠严密，可是一气呵成，招引得若干踏雪的戏迷站在门外雪地上静聆雅奏。后来被剧评人景孤血知道了，还在《立言报》上写了一篇《寻梅吃肉记》，来开程老板的玩笑呢！一般人只知庐山雾重，所以才有不知庐山真面目的说法，其实巉崟高寒，乱云霢雪，景观之美，更不是夏季庐山避暑人士所能想得到的。

战前笔者于役武汉时期，每届盛暑，主管都要到北平避暑，顺便到协和医院检查身体，看守老营的责任，就由在下一肩挑了。武汉匡庐虽然交通便捷，信宿可达，可是因为职责所系，始终未能一登匡庐。有一年冬季连连大雪，武汉绥靖主任何雪竹要在庐山招待外宾赏雪，派办公厅主任陈光祖先行上山部署，陈约笔者同行。一路冰霜皑皑，反而觉得天气澄和，风物清美，到山上就住在绥署准备的临时宾馆。一夜朔风，推窗远望，高岩峻壁全部换上银装，檐溜冰柱，恍若水晶球帘，架空一条条的电线每根都积雪盈尺，堆玉拂云，香引轻飔。这种玉髓飞琼扑人眉宇的况味，有一种令人说不出的高爽清新感觉。下山之后跟人谈起，大家都认为崭岩高寒、坚冰凝沍，当然不如夏季的修竹夹池、草木秀异令人心旷神怡。其实庐山冬雪之美，没身临其境的人是体会不出来的。

民国三十四年胜利复员，资源委员会调

派我到热河北票煤矿参加沉泥掘窟复建开发工作，因为业务关系，经常往来平、津、锦州、沈阳等地。农历岁除，从北平赶回北票，行装甫卸到餐厅就餐。同人携眷的少，大众都参加伙食团，餐厅宽阔，可以容四五百人同时进餐。户牖弘敞，窗前走廊，临时都铺上崭新的芦席，厨师们一个个据案临窗，揉面、擀皮、拌馅、包捏，包好之后，向窗外一掷，立刻坚挺，凝成冰球。小时听说，东北隆冬，冷得怕人，站在松花江桥上凭栏啐唾，掉在结冰的江面，冻成一团，能滚多远。当时以为过甚其词，现在亲眼得见，方信古人之言，尚未我欺。饭后整理报告，深宵方睡，晨兴已是声声爆竹丁亥新年，急欲赶往小寨的会议厅参加同人团拜并参加午宴。不料一夜大雪，深可三尺，大门被雪阻塞，一片银白，四野茫然。合两工友之力，再加上我从旁帮忙，帚铲并用，铲剁齐施，始终无法清除积雪，铲开一条道路打开大门。后来还是电召矿警特务队支持，来了二十余位对铲雪有经验的人，斧凿刀斫，才得脱险赴宴。等我到达会议厅时，同人们兀候多时。有几位匠心巧手的同人，已经不耐烦，在庭阶石栏左右堆砌镂镂出两只劲骨丰肌、仪容伟丽、高有五尺的雄狮来了。有些爱玩雪的朋友，尤其是闽粤一带来的朋友，几曾见过这种鹅毛片片的大雪，也都见猎心喜，三个一群，五个一伙，堆了若干千奇百怪的雪人或动物。工厂部门有几位制作模型高手，堆了一座高有两丈多的七层玲珑宝塔，堆砌成塔形之后，然后雕空，随雕随泼水冻实。所谓难者不会，会者不难，大约费了两小时光景，一座钩檐斗角、巍峨堆空、剔透磨光的宝塔就巍然矗立在雪地上啦。入晚每一层塔心放一座不怕风雪的电石灯，繁灯点点，飞光射壁，比起看高空烟火还觉得巨丽清新，别饶情趣。现在偶然跟朋友谈起打雪仗堆雪人，当年北票堆的那座玲珑玉琢的宝塔就在眼前打转了。

自从来到台湾，若干年都没见过雪。有一年听说梨山松雪楼一带降雪，等到赶了去，说什么银沙蔽野，瑞雪盈畴，薄薄的一层飞絮流麋，已经被捷足人们践踏得淋漓沾渍，泥淖难行了。不过有一次到高雄县的新威六龟公干，在当地一家饮食店进餐，远处连峰礁竖，银光闪烁，一片纯白，据说此峰是玉山支脉，连日山中风雪，氛雾冥冥，浮云来去，峰峦披雪，更显得烟云相连，嵚奇挺秀。这种奇观只能远望无法登临，而且是可遇而不可求的。来到台湾三十多年，只有六龟远山这场雪，算是在台湾看到的真正最壮观的雪景了。

天寒岁暮忆腊八

　　每年冬季一过冬至，转眼之间就是农历腊月初八。当年在大陆，所有信佛教的人，对于腊月初八都称之为"佛腊"，又叫"腊八节"。自古相传，那一天是佛教始祖释迦牟尼证道的佛日。依据佛典的记载，释迦牟尼是周昭王在位十六年，生于中印度拘萨罗国的一位皇子，生下来就有超人的智慧。到了他二十九岁时，禅心一点，忽然悟道，以皇子之尊，毅然悄悄溜出王城，千辛万苦，跋涉险阻，云游到了蓝摩国，遇到一位先知圣哲，就皈依佛门，落发为僧了。

印度历法是建子①的，释迦皈依那天，印历是二月八日，拿中国建寅的夏历来推算，恰好是夏历的十二月初八，于是中国佛教徒众，就把腊月初八定为佛祖证果成道的吉日良辰了。

腊八粥源远流长，由来已久，据说起源于印度。佛祖涅槃，佛门弟子用豆果黍米熬粥供佛，说是喝了佛粥，可以上邀佛祖庇佑。自从佛教传来中土，各大禅林寺院都在腊月初八那天清晨熬粥供佛，因为粥里不但有五谷杂粮，为示诚敬，而且还有各式各样珍贵干果，所以又叫"七宝五味粥"。凡是当天来庙烧香拜佛的善男信女、僧众，都会请到斋堂尝尝供佛余馊的腊八粥，香敬加倍布施，香客带福还家，彼此皆大欢喜。

东亚国家泰国是纯粹佛教国家，腊月初八也有煲粥供佛的习俗。有些香客来庙添汶

---

① 指以夏历十一月（子月）为岁首的历法。

（泰国人到庙里烧香礼佛叫"添汶"），也可以啜到腊八粥，不过他们不叫腊八粥，而叫"国粥"。名虽不同，同源异流，其意义是如出一辙的呢。

中国民间喝腊八粥，始于汉武帝时代，到了盛唐过腊八节啜腊八粥的风气，曾经盛极一时。清朝康熙中叶，因为天下承平已久，于是由皇帝颁赐有功臣僚腊八粥供佛，以示荣宠。雍正即位之后，并且让官窑特制白地青花瓷粥罐，遍赏亲贵近臣。后来有人无意中发现，这种瓷罐如果注入清水养植芍药，比起一般瓶罍，可以耐久三四天。这一传说不要紧，倒是这些平常被人漠视的粥罐，都变成琉璃厂古玩铺的珍品了。

熬制腊八粥的习俗，大江南北、黄河两岸各省好像都很普遍。依我个人喝过的腊八粥，以北平最为考究，拿粥料来说，糯米、小米、玉米糁、高粱米、大麦仁、薏仁米，都是必不可少的。拿粥果来说，干百合、干莲子、榛瓤、松子、杏仁、核桃、栗子、红枣也是不可或缺的。同时还要把红枣煮熟剥皮去核，把枣子皮再用水煮，澄出汤来倒在锅里一块熬粥，取其枣香。百合、莲子也要跟粥料一齐下锅，至于其他粥果如红枣、栗子、榛瓤、核桃一类粥果，都是剥皮去核另外放着，等粥上桌，各种粥果要多要少自己来放。所有供佛祭祖的腊八粥，照老妈妈论说，没有用碗盛的，一律用粥罐，粥里只准放头贡、二贡（白糖的种类名称）。同时因为粥罐面积大，粥面一绷皮子，有的巧手小姑娘，用山里红、荔枝、龙眼，配上松子仁、瓜子仁，做出各式各样的花鸟虫鱼，仿佛蒸凫炙鸠，鳞鬣宛然，放在粥皮子上，真是餔啜风流，令人叹为观止。

供佛祭祖完毕，凡是廊前槛外，古树柔枝，都要在虬干花根浇上一勺浓浓的腊八粥，据说献岁发春，不但茎干挺苗，而且叶茂花繁。是否真有此事，也就没人去理会了。

腊八那天，近支王公、椒房贵戚家中所熬的腊八粥，除了供佛祭祖之外，还要呈献内廷。进贡的粥也用罐装，另外还要陪衬两菜两点，含意是供佛的供尖儿（佛前供品可以得福），所以菜点全用净素。高华门第，戚属之间还要互相馈赠。有的交游广阔，熬粥都是初七午夜开始，一大锅跟着一大锅，要熬到天亮才算大功告成，连粥带点分送亲友，差不多要忙一整天，才能分送完毕。人固然是筋疲力尽，而这笔开支，也确实不菲呢。

谈到皇宫里赏粥给王公贵戚，一直到宣统出宫之前，在街上还能看见太监送粥的镜头。谈起宫里赏粥，是由太监一名，率领苏拉一名，一清早就到各王公府邸送粥。虽然一直用瓷罐盛粥，可是后来所用的瓷罐不外是天官赐福、三星拱照、如意吉祥等类图案，比起雍正白地青花，质地粗细，花式俗雅，简直就无法相比了。

民国初年，太监到各宅送粥，太监车敬

是一元二角一份。苏拉使力是一百二十枚一份，举家大小，不论男女每人敬使一份。所以当时走红的太监，专挑人口众多的人家去送。至于人少口薄的人家，那就归不太走红的太监去辛苦啦。至于粥送到人家，把粥供奉中堂，举家大小依序磕头谢恩，太监直挺挺地站在一旁，等礼成之后，要是彼此相识，寒暄两句，再恭送如仪。如不相熟，行礼已毕，立即告辞上车而去。

至于御赐的腊八粥滋味如何，除了荣膺上赏、粥出御膳房之外，论滋味恐怕比一般豪富之家还不如呢。来到台湾近三十年，虽然偶或也喝过几次似是而非的腊八粥，因为此间不出产红枣，粥里没有枣香，总觉得腊八粥里似乎缺点什么似的。

送信的腊八粥

北平人有句谚语是："送信的腊八粥，要命的关东糖。"意思是说吃了腊月初八的腊八粥，就该准备过年还赊清欠了；吃了腊月二十三祭灶的关东糖，年近岁逼，债主等就要上门讨债了。吃腊八粥的风气，好像北盛于南。谈到口味，向来是南甜北咸；笔者吃过江浙两湖皖赣等省人做的腊八粥，大半咸多于甜，反而冀晋察绥的腊八粥都是甜品，还没见过有做咸腊八粥的，真是令人百思不得其解的事。

当年在大陆，凡是信仰佛教的人，对于腊月初八都称之为佛腊，熬粥供佛，又叫腊八节。依据佛典记载，释迦牟尼佛，是印度迦毗罗城主净饭王的儿子，为时在周昭王十六年诞生，生下来就有超人的宿慧。他看见众生为生、老、病、死、爱别离、怨憎会、求不得、五阴炽盛等八种苦厄煎逼，还有当时印度四姓种族阶级的不平等，毅然放弃王位，深夜悄悄溜出王城，历尽千辛万苦，跋涉险阻，云游到了蓝摩国，遇到一位先知圣哲，经过三天三夜不眠不休的谈经说道，才皈依佛门。苦修六年，天天坐在菩提树下，静观思维，终于腊月八日，夜睹天上明星，禅心一点，忽然大显光明，立即悟道成佛。

印度历法是建子的，释迦悟道那天，印历是二月八日，拿中国建寅的夏历来推算，恰好是夏历的十二月初八，于是中国佛教徒众，就把腊月初八定为佛祖证道的吉日良辰了。

腊八粥源远流长，由来甚古，据说古代

印度佛教僧徒，鉴于佛祖未成道前，六年的苦行修持，每天只吃一麻一米，佛弟子为了永志佛祖成道前一麻一米的苦厄，所以每年腊八用豆果黍米熬粥供佛，永矢弗忘，说是喝了佛粥，可以上邀佛祖庇佑。自从佛教传来中土，各大禅林寺院都在腊月初八那天拂晓熬粥供佛，所用粥料五谷杂粮样样俱全，为了表示诚敬，又加上各式各样的珍贵干果，名为"七宝五味粥"。僧徒们交游于广阔的大丛林，并且于当天柬邀护法施主、善男信女莅临随喜拈香，品啜供佛的余馐——腊八粥。灯油香敬自然要加倍布施，香客带福还家，彼此皆大欢喜。

中国民间喝腊八粥，汉武帝时代就有这个习俗了。到了盛唐，唐太宗崇信佛法，并且派玄奘法师间关万里，西去天竺求取真经，于是过腊八啜腊八粥的风气，更盛极一时。清朝也是信仰佛教的，康熙年间海晏河清，承平已久，有一年皇帝一高兴，把大内供佛的腊八粥赏赐有功臣僚，从此成为常例。雍正官窑烧的白地青花瓷器雅赡古朴，最为瓷器鉴赏专家们称誉。雍正藻饰增丽特地完制了一批白地青花的粥罐，赏给近臣内戚。嘉庆步武前朝，也做了一批五彩实花描金的粥罐赏人，后来被人发现这些两朝特制的粥罐，如果用来养植矮枝芍药，每天换水，要比一般古瓷的尊罍耐久四五天之多。经人相互传说，雍正、嘉庆时代窑烧的瓷罐，都成了古玩铺的瑰宝啦。

　　腊八节熬腊八粥的习俗，黄河两岸、大江南北以至珠江流域，好像都很普遍。以我个人喝过的腊八粥来说，恐怕属北平的腊八粥最考究。北平是辽金元明清五朝的都城，人文荟萃，饭食、服御自然和别处不同。北平的腊八粥的粥料，小米、玉米糁儿、高粱米、秫米、红豆、大麦仁、薏仁米都是不可少的谷类。拿粥果来说，干百合、干莲子、榛瓤、松子、杏仁、核桃、栗子、红枣也是不可或缺的。同时还要先把红枣煮滚剥皮去核，枣子皮再用水煮，澄出汤来倒在锅里一块熬粥，柔红枣香，既好吃又美观。干果中的百合、莲子是要跟粥料一齐下锅的；至于其他粥果像红枣、栗子、松子，可以另外放着；杏仁、核桃、榛瓤，怕风吹干，可用糖水养着，等粥上桌，多种粥果可以随意自己来放。

习俗流传供佛祭祖的腊八粥，一律用粥罐上供，不用碗筷，虽然老妈妈论说不出所以然来，遥想当年佛祖未成道以前托钵乞食，自然是不用碗筷的，既然是追念圣哲，钵不易得，只好以罐来代替了。按照常例，粥里只能放红糖，不准放头贡、二贡一类白糖，其故安在，就不得而知了。粥罐的体积大，供神祭祖、馈赠亲友的腊八粥，为了诚敬美观，粥面一绷皮子，有些闺中巧手用山里红、荔枝干、龙眼肉，配上松子、瓜仁做出各式各样的花鸟虫鱼，飞禽走兽，龙舟鹤首，鳞翼宛然，真是饷啜风流，令人叹为观止。

供佛祭祖之后，孩子们还有一项差事，前庭后院，树木花丛，凡是乱干柔根都要浇上一勺浓嘟嘟的腊八粥。说是春回大地，不但葱翠茁旺，而且花繁叶茂，果木树也不歇枝，是否真有此事，也就没人研究理会了。

豪门巨族所熬的腊八粥，除供佛祭祖之外，还要馈赠亲友，果粥一罐未免寒酸，于是还得配上两菜两点，说是献佛余馂，自然菜点全是净素。有些闺中妙手，亲主庖厨，虽然说是山蔬野斋，可是五蕴七香，比起元脩珍味也未遑多让呢！有些人家一熬就是若干锅，北地天寒，当天吃不完的则用缸罐存储起来，放在不生火的屋子里，怀冰冻悚，坚硬如石，吃多少再用刀斫多少下来，掺水加温。因为粥黏而且硬，须用马勺随时兜底搅动，否则极易焦枯煳底，甚至于表面冒热气，里面尚有冰碴儿，所以北平人说熬腊八粥要凭真功夫，热腊八粥要好耐性，不是身历其境，是不知个中诀窍的。

当年清宫赏赐臣工腊八粥，也算是一项殊荣特沛呢。番禺梁节庵（鼎芬）在北平去世，所出讣闻把赏黄马褂、双眼花翎，穿朝马，赏腊八粥同样列为荣典呢！

至于御赐的腊八粥滋味如何呢？虽然说出自御厨所制，应当是上食珍品，可是论滋味，比一般高华门第所熬的腊八粥还有所不如。御赐的腊八粥，向例是由太监率同苏拉分送各宅邸的，不论男女老幼要各致太监车敬，苏拉使力一份，所以走红的太监，专拣人口众多的地方去送。至于人丁稀薄的人家，才轮到不走红的太监去走动。有些遗臣旧勋，家道中落，每逢御赐粥，那笔车敬、使力，真还要大费周章呢！

笔者来台湾已经三十多年，虽然也喝了几次亲友所赠的腊八粥，粥料、果料现在在台湾都无法备办齐全，尤其红枣、榛瓤、松

子、栗子都不出产，所以腊八粥吃到嘴里总
有今昔不同之感。

腊八粥补

连着两三年，每逢农历初八总要写点腊八粥的遗闻逸事，偏偏今年笔头子一懒就没写，看见高阳先生在万象版写的一篇《十万银子一顿粥》的故事，实际说来这顿粥恐怕还不只十万两银花销呢！①

---

① "据《旧京风俗志》稿本记载：清宫每年在世宗的潜邸雍和宫煮腊八粥，用大号粥锅两个，每个可容米二三十石，由受过专门训练的太监十余人司其事；煮粥时，不断有喇嘛绕着锅念经；并特派满蒙王公贝勒监督。这顿腊八粥，照例得报销十万两银子。粥要煮两三天，而必于腊八那天煮成，进奉御前，然后照上谕供祀太庙、寿室殿，及内廷、西苑各坛庙；（转下页）

"雍和宫熬粥"，是前清内廷礼佛盛典，熬粥的杂粮是由内务府预备，至于薏仁米桃心、核桃、杏仁、榛子、松子褪衣，还有红枣去皮剔核，则就要到各宫找宫娥彩女抓官差了。藉口说是剥粥果礼佛，不但能够给自己伺候的主子们祁福，也可以给自己免灾，这顶大帽子往头上一扣，谁还敢不尽心尽力去做呀？讲究的腊八粥，粥果剥好，并不一齐放在粥里，而是另外放在有格子的瓷瓯，喝粥时任便自取。

（接上页注）进奉太后，分赏各宫。外朝王公大臣，亦照单分赏，由一名太监领两名苏拉，抬着黄色食盒，内盛腊八粥一碗，分送各府邸。受赐者跪接跪送，然后开发赏号，自二十四两至一百二十两不等，视爵位身家、差缺肥瘠而定。这是太监年下打秋风的花样。

说一口锅可煮二三十石米，令人难信。姑妄言之，姑妄听之而已。"——高阳，《十万银子一顿粥》

熬粥在雍和宫永佑殿西跨院，两座大灶四面都有石阶可登，灶上各架一口大铁锅，非常广阔，但不太深，放水下米之后，要用大木勺不停地搅动，否则容易糊底。负责搅粥的工人四人一拨，半个时辰一换，监视熬粥的大臣都是简在帝心的满蒙王公大臣贝子贝勒，虽然辛苦半夜，可是能奉派这个差事是有体面，将来必定会不次升迁的。庙里喇嘛也是分成若干拨围着锅台，唪经永夕，腊八粥虽然是午夜开始，天亮熬完，可是粥果一进腊月门就要开始慢慢剥了。

腊八粥熬好之后，首先供祀太庙暨各坛庙寺院，然后列单派太监分送各王公近臣府邸，太监把粥罐持奉中堂，阖家大小向腊八粥磕头谢恩，然后把太监恭送如仪，敬使东仪、太监苏拉各有各份，轻重不同，受赏的臣下，并不是按爵位身家高低有所差异，而举家大小按人头，一份一份地致送，所以人口众多、家境寒素的人家，不用说年关难度，就是打发腊八粥就煞费周章呢！俗谚有"送信的腊八粥，要命的关东糖，救命的煮饽饽"，把岁近年逼没钱过年的人，刻画到淋漓尽致！